2 次 関 数

1 $y=a(x-p)^2+q$ $(a \neq 0)$ のグラフ

・$y=ax^2$ のグラフを
　x 軸方向に p, y 軸方向に q だけ
平行移動した放物線
・軸は直線 $x=p$, 頂点の座標は (p, q)

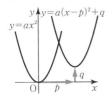

2 $y=ax^2+bx+c$ $(a \neq 0)$ のグラフ

$y=a\left(x+\dfrac{b}{2a}\right)^2-\dfrac{b^2-4ac}{4a}$ より

軸 $x=-\dfrac{b}{2a}$, 頂点 $\left(-\dfrac{b}{2a}, -\dfrac{b^2-4ac}{4a}\right)$

3 グラフの平行移動

関数 $y=f(x)$ のグラフを
　x 軸方向に p, y 軸方向に q だけ
平行移動すると
　　$y-q=f(x-p)$

4 グラフの対称移動

関数 $y=f(x)$ のグラフを
・x 軸に関して対称移動すると
　　$y=-f(x)$
・y 軸に関して対称移動すると
　　$y=f(-x)$
・原点に関して対称移動すると
　　$y=-f(-x)$

5 2次関数の最大・最小

$y=a(x-p)^2+q$ と変形すると
・$a>0 \Rightarrow x=p$ で最小値 q, 最大値なし
・$a<0 \Rightarrow x=p$ で最大値 q, 最小値なし

6 2次関数の決定

・グラフの頂点が点 (p, q), 軸が直線 $x=p$ である
　とき
　　$y=a(x-p)^2+q$
・グラフが通る3点が与えられたとき
　$y=ax^2+bx+c$ とおき, 連立方程式を解く。
・グラフと x 軸との共有点が $(\alpha, 0)$, $(\beta, 0)$ である
　とき
　　$y=a(x-\alpha)(x-\beta)$

7 2次方程式の解

(1) $(x-\alpha)(x-\beta)=0 \iff x=\alpha, \beta$

(2) 解の公式
・2次方程式 $ax^2+bx+c=0$ の解は
　$b^2-4ac \geqq 0$ のとき
　　$x=\dfrac{-b \pm \sqrt{b^2-4ac}}{2a}$
　2次方程式 $ax^2+2b'x+c=0$ の解は
　$b'^2-ac \geqq 0$ のとき
　　$x=\dfrac{-b' \pm \sqrt{b'^2-ac}}{a}$

8 2次方程式の解の判別

2次方程式 $ax^2+bx+c=0$ において, 判別式を
$D=b^2-4ac$ とすると
・$D>0 \iff$ 異なる2つの実数解をもつ
・$D=0 \iff$ 重解をもつ
・$D<0 \iff$ 実数解をもたない
　$(D \geqq 0 \iff$ 実数解をもつ$)$

9 2次関数のグラフと2次方程式・2次不等式の解

2次関数 $y=ax^2+bx+c$ のグラフと x 軸の位置関係は, $D=b^2-4ac$ の符号によって次のように定まる。

$a>0$ の場合	$D>0$	$D=0$	$D<0$
グラフと x 軸の位置関係	異なる2点で交わる	1点で接する	共有点なし
$ax^2+bx+c=0$	$x=\alpha, \beta$	$x=\alpha$ (重解)	実数解なし
$ax^2+bx+c>0$	$x<\alpha, \beta<x$	α 以外のすべての実数	すべての実数
$ax^2+bx+c \geqq 0$	$x \leqq \alpha, \beta \leqq x$	すべての実数	すべての実数
$ax^2+bx+c<0$	$\alpha<x<\beta$	解なし	解なし
$ax^2+bx+c \leqq 0$	$\alpha \leqq x \leqq \beta$	$x=\alpha$ のみ	解なし

1 鋭角の三角比（正弦・余弦・正接）

$$\sin A = \frac{a}{c}$$

$$\cos A = \frac{b}{c}$$

$$\tan A = \frac{a}{b}$$

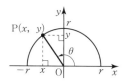

2 三角比の相互関係

$$\tan A = \frac{\sin A}{\cos A}$$

$$\sin^2 A + \cos^2 A = 1$$

$$1 + \tan^2 A = \frac{1}{\cos^2 A}$$

3 三角比の定義

半径 r の円周上に点 $P(x, y)$ をとり，OP と x 軸の正の向きとのなす角を θ $(0° \le \theta \le 180°)$ とするとき

$$\sin\theta = \frac{y}{r}, \quad \cos\theta = \frac{x}{r}, \quad \tan\theta = \frac{y}{x}$$

4 $90°-A$，$180°-A$ の三角比

・$\sin(90°-A) = \cos A$

　$\cos(90°-A) = \sin A$

　$\tan(90°-A) = \dfrac{1}{\tan A}$

・$\sin(180°-A) = \sin A$

　$\cos(180°-A) = -\cos A$

　$\tan(180°-A) = -\tan A$

5 特殊な角の三角比の値と符号

θ	0°	…	90°	…	180°
$\sin\theta$	0	+	1	+	0
$\cos\theta$	1	+	0	−	−1
$\tan\theta$	0	+		−	0

6 三角比の値の範囲

$0° \le \theta \le 180°$ のとき，

$\quad 0 \le \sin\theta \le 1, \quad -1 \le \cos\theta \le 1$

$\quad \tan\theta$ はすべての実数（ただし，$\theta \ne 90°$）

7 直線の傾きと正接

直線 $y = mx$ と x 軸の正の向きとのなす角を θ とすると

$m = \tan\theta$ $(0° \le \theta \le 180°$，ただし $\theta \ne 90°)$

8 正弦定理

△ABC の外接円の半径を R とすると

$$\frac{a}{\sin A} = \frac{b}{\sin B} = \frac{c}{\sin C} = 2R$$

9 余弦定理

$$a^2 = b^2 + c^2 - 2bc\cos A$$

$$b^2 = c^2 + a^2 - 2ca\cos B$$

$$c^2 = a^2 + b^2 - 2ab\cos C$$

10 三角形の面積

△ABC の面積を S とすると

$$S = \frac{1}{2}bc\sin A = \frac{1}{2}ca\sin B = \frac{1}{2}ab\sin C$$

11 三角形の面積と内接円の半径

△ABC の面積を S，内接円の半径を r とすると

$$S = \frac{1}{2}r(a+b+c)$$

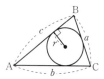

Prominence 数学Ⅰ＋A

数学Ⅰ Progress（数Ⅰ706）・数学A Progress（数A706）準拠

本書は，実教出版発行の教科書「数学Ⅰ Progress」「数学A Progress」の内容に準拠した問題集です。教科書と本書を一緒に勉強することで，教科書の内容を無理なく着実に定着できるよう編修してあります。また，教科書よりもレベルを上げた問題も収録しているので，入試を見据えた応用力も身に付けることができます。

本書の構成

基本事項のまとめ	項目ごとに，重要な事柄や公式などをまとめました。
A	教科書の例，例題相当の練習に対応した，基礎的な問題です。
B	教科書の応用例題相当の練習に対応した問題や，複数の例題にまたがる内容を扱った問題など，基本的な問題です。
教 p.6 練習1	教科書に関連する内容がある **A**，**B** の問題には，教科書の該当ページと，対応する練習問題を示しました。これを活用して教科書で学習した内容を反復することで，基礎・基本をしっかり身に付けることができます。 （ ）付きのものは，参考になる内容が教科書にあることを示しています。
C	教科書本文を少し超えた，入試の基礎のレベルの問題です。教科書には扱っていない問題で，特に重要な問題には **例題** を用意し，思考の過程を確認しながら問題を演習することができます。
＊印	＊印のついた問題を演習することで，一通りの学習ができるように配慮しています。
＜章末問題＞	入試を強く意識した問題を，各章末にまとめて掲載しました。
	章末問題のうち，特に思考力や表現力が身に付けられるように意識した問題です。

数学Ⅰ

数学A

1章 数と式

1節 式の計算

1 整式とその加法・減法 　　教 p.6〜9

① **整式**

単項式の和の形で表される式を **多項式** といい，単項式と多項式を合わせて **整式** という。

② **整式の整理**　③ **整式の加法・減法**

多項式は同類項を1つにまとめ，1つの文字に着目して，降べきの順に整理する。

━━━━━━━━━ A ━━━━━━━━━

□**1** 次の単項式の次数と係数をいえ。また，[ ]内の文字に着目したときの次数と係数をいえ。　　教 p.6 練習 1, 2

(1) $-ax$ $[x]$, $[a]$ 　　*(2) $2a^2x^4$ $[x]$, $[a]$ 　　*(3) $9abx^2y$ $[y]$, $[a と b]$

□**2** 次の多項式について，同類項をまとめよ。　　教 p.7 練習 3

*(1) $2x^2-5x-4-x^2+3x+7$ 　　(2) $3x-1+4x^2+1+3x^3-4x^2$

(3) $x^2+3ax-a^2-4x^2-7ax+3a^2$ 　　*(4) $5xy+2y^2-x^2-3y^2+2x^2-xy$

□**3** 次の多項式はそれぞれ何次式か。　　教 p.7 練習 4

(1) $-xy^2+6xy$ 　　*(2) $x^2+xyz+y^2+z^2$ 　　(3) $a^4x^2-3a^3x^3+a^2x^5$

□**4** 次の整式を x について降べきの順に整理し，x について何次式かいえ。また，各項の係数と定数項をいえ。　　教 p.8 練習 5

(1) $2x^2+ax-1+3x+a$ 　　*(2) $2x^2+3xy+y^2-2x-y-1$

(3) $a^3x^3+ax-x^3-x+1$ 　　(4) $a^2+ax^2-ax-b^2+bx+bx^2$

□**5** 次の2つの整式 A, B について，$A+B$ と $A-B$ を計算せよ。　　教 p.9 練習 6

*(1) $A=3x^2-x-1$, $B=-x^3+3x^2+2$

(2) $A=7+5x-x^2$, $B=x^3+2x-1-4x^2$

□**6** $A=x^2-2xy-3y^2$, $B=-2x^2+3xy+y^2$ のとき，次の式を計算せよ。

(1) $3A-2B$ 　　(2) $A+2B-(B-A)$ 　　教 p.9 練習 7

*(3) $2(A+B)+(2B-3A)$

━━━━━━━━━ B ━━━━━━━━━

□**7** 2つの整式 A, B があり，$A+2B=x^3-8x-5$, $A+B=x^3-2x^2-4x+4$ である。この2つの整式 A, B を求めよ。　　(教 p.9 練習 6)

2 **整式の乗法**　　　　　　　　　　　　　　　　　　　　　教 p.10〜14

[1] **指数法則**（m, n を正の整数とする。）

(1) $a^m \times a^n = a^{m+n}$　　(2) $(a^m)^n = a^{mn}$　　(3) $(ab)^n = a^n b^n$

[2] **整式の乗法**

分配法則　$A(B+C) = AB + AC$,　$(A+B)C = AC + BC$

[3] **乗法公式**

(1) $(a+b)^2 = a^2 + 2ab + b^2$　　　$(a-b)^2 = a^2 - 2ab + b^2$

(2) $(a+b)(a-b) = a^2 - b^2$

(3) $(x+a)(x+b) = x^2 + (a+b)x + ab$

(4) $(ax+b)(cx+d) = acx^2 + (ad+bc)x + bd$

(5) $(a+b+c)^2 = a^2 + b^2 + c^2 + 2ab + 2bc + 2ca$

[4] **展開の工夫**　　[5]　**複雑な式の展開**

・同じ形の式を1つの文字に置き換える。

・項と項の組合せや，展開する順序を工夫する。

◆ A ▶

□ **8**　次の式を計算せよ。　　　　　　　　　　　　　　　　教 p.10 練習 8

(1) $-(-a^3)^2$　　　　　　　　　　*(2) $3a \times (-2a)^3$

*(3) $(2x)^2 \times x^3 \times (-x)^4$　　　　(4) $(-x^2y)^2 \times (-2xy)^3$

(5) $(3ab^2c)^3 \times \left(\dfrac{1}{3}a^3bc^2\right)^2$　　　*(6) $(-2xy^3) \times (x^2y)^2 \times (-xy)^3$

□ **9**　次の式を展開せよ。　　　　　　　　　　　　　　　　教 p.11 練習 9

(1) $3a(-4a+5b)$　　　　　　　　*(2) $3x(x^2-2x-1)$

(3) $(2x^2-3xy-y^2)x^2y$　　　　　*(4) $(4ab-12bc+8ca)\left(-\dfrac{1}{4}ab\right)$

□ **10**　次の式を展開せよ。　　　　　　　　　　　　　　　教 p.11 練習 10

*(1) $(x-3y)(3x+2y)$　　　　　　(2) $(2-x)(4+2x+x^2)$

*(3) $(3x^2-4xy+y^2)(x+2y)$　　　(4) $(3x-4y-5)(x-2y+3)$

□ **11**　次の式を展開せよ。　　　　　　　　　　　　　　　教 p.12 練習 11

(1) $(2x+3)^2$　　　　*(2) $(3x-5y)^2$　　　　(3) $(-a+3b)^2$

*(4) $(2a-5b)(2a+5b)$　　(5) $(-x+y)(-x-y)$　　(6) $(x+6y)(x+y)$

*(7) $(x-2y)(x+8y)$　　*(8) $(a-5b)(a-7b)$

□ 12 次の式を展開せよ。 教p.12 練習 12

*(1) $(x+2)(3x+1)$ (2) $(3x+2)(2x-1)$ *(3) $(4x-3)(2x-3)$

(4) $(x+2y)(3x-y)$ (5) $(3x-4y)(x+5y)$ *(6) $(2x-3y)(7x-4y)$

□ 13 次の式を展開せよ。 教p.13 練習 13

(1) $(a+2b+2)(a+2b-3)$ *(2) $(2x-3y+4)(2x-3y-1)$

*(3) $(a-b+2)(a+3b+2)$ (4) $(x+y-1)(3x+y-1)$

□ 14 次の式を展開せよ。 教p.13 練習 14

(1) $(2x+y+z)(2x-y-z)$ (2) $(a-3b-2c)(a+3b+2c)$

*(3) $(2x-y+3z)(2x+y+3z)$ *(4) $(a+2b-c)(a-2b+c)$

□ 15 次の式を展開せよ。 教p.13 練習 15

*(1) $(a+2b+c)^2$ (2) $(2x-y-z)^2$

□ 16 次の式を展開せよ。 教p.14 練習 16

*(1) $(3a+b)^2(3a-b)^2$ (2) $(x+2y)(x^2+4y^2)(x-2y)$

B

□ 17 次の式を展開せよ。 教p.14 練習 17

(1) $(x-1)(x+2)(x-3)(x+4)$ *(2) $(x+2)(x+3)(x-4)(x-5)$

□ 18 次の式を展開せよ。 (教p.11 練習 10)

(1) $(x^2-1)(x^2+2x-1)$ *(2) $(x^3+2x-1)(x^2-2)$

(3) $(4x-2+3x^2)(x^2+5-2x)$

□ 19 次の式を展開せよ。 (教p.13~14 練習 13~16)

(1) $(x+yz)^2(x-yz)^2$ (2) $(2x-3y-4z)^2$

*(3) $(2a+b)(2a-b)(4a^2+b^2)$ (4) $(3x+3y-z)(x+y-z)$

(5) $(3a^2-5ab+2b^2)(3a^2+5ab+2b^2)$

*(6) $(x^3+x^2-x+2)(x^3-x^2-x-2)$

C

例題 1

$(5x^2+4x-3)(-x^2+8x-6)$ を展開したときの x^2 の項の係数を求めよ。

解答 x^2 の項になるのは，右の①，②，③の

積であるから

$5x^2\times(-6)+4x\times8x-3\times(-x^2)$

$=-30x^2+32x^2+3x^2=5x^2$

よって，x^2 の係数は **5** 答

$(5x^2+4x-3)(-x^2+8x-6)$

① ② ③

20 次の式を展開したとき，[ ] 内の項の係数を求めよ。

*(1) $(5x^2-3x+2)(4x^2+3x-2)$ [x]，[x^2]

(2) $(2x^2+xy-y^2)(x^2-3xy+6y^2)$ [x^3y]，[x^2y^2]

例題 2

$(x^2+x+1)(x^2-x+1)(x^4-x^2+1)$ を展開せよ。

解答 $(x^2+x+1)(x^2-x+1)(x^4-x^2+1)$

$=\{(x^2+1)+x\}\{(x^2+1)-x\}(x^4-x^2+1)$

A / B

$(A+B)(A-B)=A^2-B^2$ が使える形にする。

$=\{(x^2+1)^2-x^2\}(x^4-x^2+1)$

A^2-B^2

$=(x^4+x^2+1)(x^4-x^2+1)$

$=\{(x^4+1)+x^2\}\{(x^4+1)-x^2\}$

C / D

$(C+D)(C-D)=C^2-D^2$ が使える形にする。

$=(x^4+1)^2-(x^2)^2$

C^2-D^2

$=x^8+x^4+1$ 答

21 次の式を展開せよ。

*(1) $(x^2+xy+y^2)(x^2-xy+y^2)(x^4-x^2y^2+y^4)$

(2) $(a+b+c)^2+(-a+b+c)^2-(a-b+c)^2-(a+b-c)^2$

(3) $(a+b+c+d)(a-b-c+d)-(a+b-c-d)(a-b+c-d)$

3　因数分解

1　因数分解　　**2　2次式の因数分解**

因数分解の公式

(1)　$ma+mb=m(a+b)$

(2)　$a^2+2ab+b^2=(a+b)^2$　　$a^2-2ab+b^2=(a-b)^2$

(3)　$a^2-b^2=(a+b)(a-b)$

(4)　$x^2+(a+b)x+ab=(x+a)(x+b)$

(5)　$acx^2+(ad+bc)x+bd=(ax+b)(cx+d)$

3　いろいろな因数分解

因数分解の考え方

(1)　それぞれの項に共通因数があればくくり出す。

(2)　項の組合せを考えて，隠れた共通因数を見つける。

(3)　公式が適用できる形に式を変形，整理する。

(4)　文字が2つ以上あれば次数の最も低い文字について降べきの順に整理する。

(5)　2つ以上の項を1つの文字に置き換えて式を見やすく整理する。

A

□ **22**　次の式を因数分解せよ。　　　　　⊛ p.15 練習 18

(1)　$3ax+6ay$　　　　　　　*(2)　$12x^2y-8xy^2$

(3)　$-14axy+35ax+21ay$　　*(4)　$6a^4b-3a^3b^2+9a^2b^3$

□ **23**　次の式を因数分解せよ。　　　　　⊛ p.15 練習 19

(1)　$(x+y)^2+4(x+y)$　　　　*(2)　$x(2a-b)-3y(2a-b)$

(3)　$(a-1)x-(1-a)y$　　　　(4)　$x(y-z)+(z-y)z$

*(5)　$x(y-z)-y+z$

□ **24**　次の式を因数分解せよ。　　　　　⊛ p.16 練習 20

(1)　$x^2-12x+36$　　　　　　*(2)　$25x^2+10xy+y^2$

(3)　$6ax^2-12axy+6ay^2$　　(4)　$4x^2-36y^2$

(5)　$a-ax^2y^2$　　　　　　　*(6)　$9a^2c^4-b^2c^2$

□ **25**　次の式を因数分解せよ。　　　　　⊛ p.16 練習 21

(1)　$x^2+8x+12$　　　　　　*(2)　$x^2-5x-36$

*(3)　$x^2-7xy+10y^2$　　　　(4)　$x^2+13xy-48y^2$

26 次の式を因数分解せよ。 ⑳ p.17 練習 22

*(1) $2x^2+7x+5$

(2) $3x^2+13x-10$

(3) $6a^2-17a+12$

*(4) $8a^2-6ab-5b^2$

(5) $9x^2-29xy+20y^2$

*(6) $15x^2+38xy+24y^2$

27 次の式を因数分解せよ。 ⑳ p.18 練習 23

(1) $(x-2y)^2-z^2$

*(2) $(x+y)^2-(y-z)^2$

*(3) $(a+b)^2-8(a+b)+15$

(4) x^4+5x^2-6

*(5) x^4-81

(6) $(x^2+2x)^2-11(x^2+2x)+24$

28 次の式を因数分解せよ。 ⑳ p.18 練習 24

(1) $x^2+2xy+2y-1$

*(2) $x^2+xy-3x-y+2$

*(3) a^3+b-a^2b-a

(4) $2a^2+2ab+ac-bc-c^2$

(5) $x^2z+x+y-y^2z$

(6) $a^2b+a^2c-ab^2-b^2c$

B

29 次の式を因数分解せよ。 (⑳ p.19 練習 25)

(1) $x^2+x-y(y+1)$

*(2) $x^2-(2y+3)x+(y+1)(y+2)$

(3) $x^2+(y-2)x-2y(y-1)$

*(4) $x^2+(y+2)x-(y-1)(2y+1)$

*(5) $x^2+(2y-1)x+y^2-y-2$

(6) $x^2-(y+3)x-2y^2+3y+2$

30 次の式を因数分解せよ。 ⑳ p.19 練習 25

*(1) $x^2+2xy+x+y^2+y-2$

(2) $x^2-3xy+2y^2+2x-5y-3$

*(3) $2x^2+3xy+y^2-x-2y-3$

*(4) $2x^2-5xy-3y^2+x+11y-6$

(5) $6x^2-7xy-5y^2-7x+3y+2$

31 次の式を因数分解せよ。 ⑳ p.19 練習 26

(1) $ab(a-b)+bc(b-c)+ca(c-a)$

(2) $bc(b+c)+ca(c-a)-ab(a+b)$

(3) $ab(a+b)+bc(b+c)+ca(c+a)+2abc$

*(4) $a(b+c)^2+b(c+a)^2+c(a+b)^2-4abc$

□ **32** 次の式を因数分解せよ。 (教) p.17)

  *(1) $x^2+(a-b)x-ab$ (2) $x^2-(a-b)x-ab$

  (3) $x^2+(2a-b)x-2ab$ (4) $x^2-(a-2b)x-2ab$

  (5) $ax^2+(a^2-2)x-2a$ *(6) $abx^2-(a^2-b^2)x-ab$

□ **33** 次の式を因数分解せよ。 (教) p.18 練習 23)

  (1) $(x+2y+2)(x+2y-2)+3$

  *(2) $(x+y-4)(x+y-3)-2$

□ **34** 次の式を因数分解せよ。 (教) p.18 練習 23)

  (1) $(x-y-1)(x+y+1)+3x^2$

  (2) $(x+y-2)(x+3y-2)+y^2$

  (3) $(x+y+1)(x-6y+1)+6y^2$

□ **35** 次の式を因数分解せよ。 (教) p.18 練習 23)

  (1) $a^2+(a-b)^2-(b-c)^2-c^2$

  (2) $(a^2-b^2+c^2)^2-4a^2c^2$

  (3) $(a+b)^2+(a+c)^2-(b+d)^2-(c+d)^2$

□ **36** 次の式を因数分解せよ。 (教) p.18 練習 24)

  (1) $a(a-c+1)+b(b+c-1)-2ab$

  (2) $x^2(1-yz)-y^2(1-xz)$

◀ C ▶

□ **37** 次の式を因数分解せよ。

  (1) $x^4+(2a-1)x^2+a^2$

  (2) $x^4-(a^2-2)x^2+1$

□ **38** 次の式を因数分解せよ。

  (1) $(x^2+3x-2)(x^2+3x+4)-16$

  (2) $(x+1)(x+2)(x+3)(x+4)-3$

例題 3

x^4+5x^2+9 を因数分解せよ。

解答

x^4+5x^2+9

$=(x^4+6x^2+9)-x^2$ ← $5x^2=6x^2-x^2$ と分解する。

$=(x^2+3)^2-x^2$ ← A^2-B^2 の形をつくる。

$=\{(x^2+3)+x\}\{(x^2+3)-x\}$

$=\boldsymbol{(x^2+x+3)(x^2-x+3)}$ **答**

39 次の式を因数分解せよ。

(1) x^4+3x^2+4　(2) x^4+64　(3) $x^4-7x^2y^2+y^4$

(4) $a^4-14a^2b^2+25b^4$　(5) $9x^4+23x^2y^2+16y^4$

例題 4

$(xy+1)(x+1)(y+1)+xy$ を因数分解せよ。

〈考え方〉1つの文字について整理して，2次式ならばたすき掛けを試みる。

解答

$(xy+1)(x+1)(y+1)+xy$

$=(y+1)(x^2y+xy+x+1)+xy$

$=y(y+1)x^2+\{(y+1)^2+y\}x+y+1$

$=y(y+1)x^2+(y^2+3y+1)x+y+1$

$=(yx+y+1)\{(y+1)x+1\}$

$=\boldsymbol{(xy+y+1)(xy+x+1)}$ **答**

$$\begin{array}{ccc} y & \diagdown & y+1 \to y^2+2y+1 \\ y+1 & \diagup & 1 \to y \\ \hline & & y^2+3y+1 \end{array}$$

別解 すべて展開すると複雑な式になりそうなので，置き換えができるか考える。

$(xy+1)(x+1)(y+1)+xy=(xy+1)(xy+x+y+1)+xy$

$xy+1=A$ とおくと

$(xy+1)(xy+x+y+1)+xy=A(A+x+y)+xy$

$\qquad =A^2+(x+y)A+xy$

$\qquad =(A+x)(A+y)$

$\qquad =(xy+1+x)(xy+1+y)$

$\qquad =\boldsymbol{(xy+x+1)(xy+y+1)}$ **答**

$$\begin{array}{c}(xy+1)(xy+x+y+1)+xy\\ A \qquad A\end{array}$$

40 次の式を因数分解せよ。

(1) $(xy+2)(x-1)(y-2)+2xy$　(2) $(1-a^2)(1-b^2)-4ab$

(3) $x^3+(a+1)x^2+ax+a^2+a$　(4) $a^3+(b+2)a^2+(b-1)a+b^2+b-2$

発展 **3次式の展開と因数分解** 教 p.21〜22

1 乗法公式

$(a+b)^3=a^3+3a^2b+3ab^2+b^3$ $(a-b)^3=a^3-3a^2b+3ab^2-b^3$

$(a+b)(a^2-ab+b^2)=a^3+b^3$ $(a-b)(a^2+ab+b^2)=a^3-b^3$

2 因数分解の公式

$a^3+b^3=(a+b)(a^2-ab+b^2)$ $a^3-b^3=(a-b)(a^2+ab+b^2)$

A

□41 次の式を展開せよ。 教 p.21 演習 1

(1) $(a+4)^3$ *(2) $(x-3y)^3$ (3) $(4a-3b)^3$

□42 次の式を展開せよ。 教 p.22 演習 2

(1) $(x-2)(x^2+2x+4)$ *(2) $(3x+y)(9x^2-3xy+y^2)$

□43 次の式を因数分解せよ。 教 p.22 演習 3

*(1) $8x^3+1$ (2) $27x^3-64y^3$

(3) ab^3+8ac^3 *(4) $a^4b^3-27ac^3$

C

□44 $a^3+b^3+c^3-3abc=(a+b+c)(a^2+b^2+c^2-ab-bc-ca)$ を利用して次の式を因数分解せよ。

(1) $x^3+8y^3-z^3+6xyz$ (2) $x^3+y^3-6xy+8$

例題 5

$x^3-6x^2+12x-8$ を因数分解せよ。

〈考え方〉 共通因数が出てくるように，項を適当に組み合わせる。

解答 $x^3-6x^2+12x-8=x^3-8-6x(x-2)$

$=(x-2)(x^2+2x+4)-6x(x-2)$

$=(x-2)(x^2+2x+4-6x)$

$=(x-2)(x^2-4x+4)=(x-2)^3$ **答**

別解 $x^3-6x^2+12x-8$

$=x^3-3\cdot x^2\cdot 2+3\cdot x\cdot 2^2-2^3=(x-2)^3$ **答** ◀ 公式 $(a-b)^3=a^3-3a^2b+3ab^2-b^3$ で，$a=x$，$b=2$ とおいた式

□45 次の式を因数分解せよ。

(1) x^3+2x^2+2x+4 (2) $x^3-2x^2+5x-10$

(3) x^3+2x^2+2x+1 (4) x^3+3x^2-6x-8

(5) $8x^3+12x^2+6x+1$ (6) $8x^3-36x^2+54x-27$

|2節 実数

1 実数
教 p.23〜27

1 有理数　**2 実数**

$$\text{実数} \begin{cases} \text{有理数} \begin{cases} \text{整数（自然数，0，負の整数）} \\ \text{小数（有限小数，循環小数：分数の形で表される。）} \\ \qquad\qquad\qquad \text{分母の素因数が2または5のとき。} \end{cases} \\ \text{無理数（循環しない無限小数：分数の形で表されない。）} \end{cases}$$

3 四則計算と数の範囲

2つの有理数に対して，和，差，積，商はすべて有理数。

2つの実数に対して，和，差，積，商はすべて実数。

4 数直線　**5 絶対値**

絶対値：数直線上の原点からの距離。記号 $|a|$ で表す。

$$a \geqq 0 \text{ のとき } |a|=a, \ a<0 \text{ のとき } |a|=-a$$

――――――――――――◆ A ◆――――――――――――

□ **46** 次の分数を小数で表せ。ただし，循環小数は，$0.\dot{2}$ のようなかき方で表せ。

(1) $\dfrac{3}{4}$　　　*(2) $\dfrac{1}{8}$　　　*(3) $\dfrac{7}{11}$　　　(4) $\dfrac{5}{13}$　教 p.23 練習 1

□ **47** 次の循環小数を分数の形で表せ。　教 p.24 練習 2

*(1) $0.\dot{2}$　　　(2) $0.\dot{5}\dot{7}$　　　(3) $1.4\dot{5}\dot{6}$　　　*(4) $2.3\dot{1}\dot{8}$

□ **48** 次の分数のうち，有限小数で表されるものを選べ。　教 p.25 練習 3

$$\dfrac{3}{8} \qquad \dfrac{2}{15} \qquad \dfrac{4}{25} \qquad \dfrac{7}{45} \qquad \dfrac{16}{105}$$

□ **49** 数の範囲と四則計算を考えるとき，右の表のそれぞれの数の範囲で計算が可能なものには○，そうでないものには×をつけよ。

教 p.26 練習 4

数の範囲 ＼ 四則計算	加法	減法	乗法	除法
偶　　数				
奇　　数				
正の有理数				
無　理　数				

□ **50** 次の値を求めよ。　教 p.27 練習 5

(1) $|-8|$　　　　　(2) $|-5+2|$　　　　　*(3) $|2\sqrt{2}-3|$

――――――――――――◆ B ◆――――――――――――

□ **51** $x=-4, \ -1, \ 0, \ 3$ のそれぞれについて，次の式の値を求めよ。　(教 p.27 練習 5)

(1) $|x-1|$　　　　　　　　*(2) $|2x+1|+|3-x|$

2 根号を含む式の計算

教 p.28〜31

1 平方根

$a \geqq 0$ のとき $(\sqrt{a})^2 = a$, $(-\sqrt{a})^2 = a$

$a \geqq 0$ のとき $\sqrt{a^2} = a$, $a < 0$ のとき $\sqrt{a^2} = -a$　すなわち $\sqrt{a^2} = |a|$

2 根号を含む式の計算

平方根の積と商 $(a > 0, \ b > 0, \ k > 0$ のとき$)$

(1) $\sqrt{a}\sqrt{b} = \sqrt{ab}$　　(2) $\dfrac{\sqrt{a}}{\sqrt{b}} = \sqrt{\dfrac{a}{b}}$　　(3) $\sqrt{k^2 a} = k\sqrt{a}$

3 分母の有理化

$$\dfrac{1}{\sqrt{x}+\sqrt{y}} = \dfrac{\sqrt{x}-\sqrt{y}}{(\sqrt{x}+\sqrt{y})(\sqrt{x}-\sqrt{y})} = \dfrac{\sqrt{x}-\sqrt{y}}{x-y}$$

4 式の値

$x^2 + y^2 = (x+y)^2 - 2xy$　$(x+y, \ xy$ を基本対称式という$)$

―――――――◆ A ◆―――――――

☐ **52** 次の値を求めよ。 教 p.28 練習 6

(1) 7 の平方根　　　　*(2) $\dfrac{1}{9}$ の平方根　　　(3) $\sqrt{25}$

☐ **53** 次の値を求めよ。 教 p.28 練習 7

(1) $\sqrt{10^2}$　　*(2) $\sqrt{(-10)^2}$　　(3) $\sqrt{(2-\sqrt{3})^2}$　　(4) $\sqrt{(3-\sqrt{10})^2}$

☐ **54** 次の式を簡単にせよ。 教 p.29 練習 8

(1) $\sqrt{54}$　　*(2) $\sqrt{1200}$　　(3) $\dfrac{\sqrt{54}}{\sqrt{3}}$　　(4) $\sqrt{\dfrac{45}{49}}$

☐ **55** 次の式を計算せよ。 教 p.29 練習 9

(1) $\sqrt{48}+\sqrt{27}-3\sqrt{12}$　　　　*(2) $\sqrt{3}(4\sqrt{2}-\sqrt{15})$

(3) $\sqrt{10}\sqrt{18} \div \sqrt{15}$　　　　*(4) $(\sqrt{3}+\sqrt{6})^2$

(5) $(2\sqrt{5}-\sqrt{10})^2$　　　　(6) $(\sqrt{7}-\sqrt{3})(\sqrt{7}+\sqrt{3})$

(7) $(5-2\sqrt{2})(4+5\sqrt{2})$　　　(8) $(1+\sqrt{2})^2(1-\sqrt{2})^2$

☐ **56** 次の式の分母を有理化せよ。 教 p.30 練習 10

(1) $\dfrac{\sqrt{5}}{\sqrt{18}}$　　(2) $\sqrt{\dfrac{3}{5}}$　　(3) $\dfrac{3}{\sqrt{6}}$　　(4) $\dfrac{4}{\sqrt{50}}$

□ **57** 次の式の分母を有理化せよ。 教 p.30 練習 11

(1) $\dfrac{1}{2+\sqrt{3}}$ *(2) $\dfrac{1}{\sqrt{5}-\sqrt{3}}$ (3) $\dfrac{6}{7-\sqrt{7}}$

*(4) $\dfrac{\sqrt{6}-\sqrt{3}}{\sqrt{6}+\sqrt{3}}$ (5) $\dfrac{1+\sqrt{2}}{1+2\sqrt{2}}$ (6) $\dfrac{5+2\sqrt{3}}{4-\sqrt{3}}$

◆━━━━━━━━━━ **B** ━━━━━━━━━━◆

□ *58 $x=\dfrac{\sqrt{3}+1}{\sqrt{3}-1}$, $y=\dfrac{\sqrt{3}-1}{\sqrt{3}+1}$ のとき，次の値を求めよ。 教 p.31 練習 12

(1) $x+y$ (2) xy (3) x^2+y^2

(4) x^3y+xy^3 (5) x^4+y^4

□ **59** 次の式を計算せよ。 (教 p.29〜30 練習 9〜11)

*(1) $\dfrac{1}{\sqrt{7}+\sqrt{3}}+\dfrac{1}{\sqrt{7}-\sqrt{3}}$ (2) $\dfrac{\sqrt{5}+\sqrt{3}}{\sqrt{5}-\sqrt{3}}+\dfrac{\sqrt{5}-\sqrt{3}}{\sqrt{5}+\sqrt{3}}$

*(3) $\dfrac{1}{1+2\sqrt{2}}-\dfrac{2}{3\sqrt{2}+2}$ (4) $\dfrac{1}{4\sqrt{3}-3\sqrt{5}}-\dfrac{1}{3-2\sqrt{3}}$

*(5) $(\sqrt{2}+\sqrt{3}+\sqrt{6})(\sqrt{2}+\sqrt{3}-\sqrt{6})$ (6) $(1+\sqrt{3}+\sqrt{5})^2$

◆━━━━━━━━━━ **C** ━━━━━━━━━━◆

例題 6

$\dfrac{1}{1+\sqrt{5}+\sqrt{6}}$ の分母を有理化せよ。

〈考え方〉 $(1+\sqrt{5})-\sqrt{6}$ を分母と分子に掛けることで，分母の $\sqrt{\ }$ の数が減らせる。

解答
$$\dfrac{1}{1+\sqrt{5}+\sqrt{6}}=\dfrac{1+\sqrt{5}-\sqrt{6}}{\{(1+\sqrt{5})+\sqrt{6}\}\{(1+\sqrt{5})-\sqrt{6}\}}$$
$$=\dfrac{1+\sqrt{5}-\sqrt{6}}{(1+\sqrt{5})^2-(\sqrt{6})^2}=\dfrac{1+\sqrt{5}-\sqrt{6}}{6+2\sqrt{5}-6}$$
$$=\dfrac{(1+\sqrt{5}-\sqrt{6})\sqrt{5}}{2\sqrt{5}\cdot\sqrt{5}}=\dfrac{5+\sqrt{5}-\sqrt{30}}{10}\quad 答$$

□ **60** 次の式の分母を有理化せよ。

*(1) $\dfrac{1}{1+\sqrt{2}+\sqrt{3}}$ (2) $\dfrac{\sqrt{2}-\sqrt{7}}{\sqrt{2}+\sqrt{5}-\sqrt{7}}$

□ **61** $x=\dfrac{3+\sqrt{5}}{2}$ のとき，次の値を求めよ。

(1) x^2-3x (2) x^3-3x^2+x

016

$\dfrac{1}{2-\sqrt{3}}$ の整数部分を a，小数部分を b とするとき，a，b の値を求めよ。

〈考え方〉 分母を有理化し，連続した自然数ではさみ込んで整数部分を求める。

解答 $\dfrac{1}{2-\sqrt{3}}=\dfrac{2+\sqrt{3}}{(2-\sqrt{3})(2+\sqrt{3})}=\dfrac{2+\sqrt{3}}{4-3}=2+\sqrt{3}$

$1<\sqrt{3}<2$ であるから $3<2+\sqrt{3}<4$ よって $a=3$ **答**

$a+b=2+\sqrt{3}$ より $b=(2+\sqrt{3})-3=\sqrt{3}-1$ **答**

□ **62** $\dfrac{1}{\sqrt{5}-2}$ の整数部分を a，小数部分を b とするとき，次の値を求めよ。

(1) a (2) b (3) $a^2+4ab+4b^2$

例題 8

$x\geqq1$ のとき，$\sqrt{x^2}+\sqrt{x^2-2x+1}$ を簡単にせよ。

〈考え方〉 $\sqrt{a^2}=|a|$ であることに注意する。

解答 $A=\sqrt{x^2}+\sqrt{x^2-2x+1}=\sqrt{x^2}+\sqrt{(x-1)^2}=|x|+|x-1|$

$x\geqq1$ であるから $A=x+(x-1)=2x-1$ **答**

□ **63** $\sqrt{x^2+2x+1}+\sqrt{x^2-6x+9}$ を，次の各場合において，簡単にせよ。

(1) $x\geqq3$ (2) $-1\leqq x<3$ (3) $x<-1$

□ **64** $x=2-\sqrt{3}$ のとき，次の式の値を求めよ。

(1) $x+\dfrac{1}{x}$ (2) $x^2+\dfrac{1}{x^2}$ (3) $x^4+\dfrac{1}{x^4}$

発展 二重根号 教p.33

$a>0$，$b>0$ のとき $\sqrt{a+b+2\sqrt{ab}}=\sqrt{a}+\sqrt{b}$

$a>b>0$ のとき $\sqrt{a+b-2\sqrt{ab}}=\sqrt{a}-\sqrt{b}$

B

□ **65** 次の二重根号をはずせ。 教p.33演習1

(1) $\sqrt{7+2\sqrt{12}}$ (2) $\sqrt{9-2\sqrt{14}}$ (3) $\sqrt{12+2\sqrt{11}}$

(4) $\sqrt{8-4\sqrt{3}}$ (5) $\sqrt{9+\sqrt{80}}$ (6) $\sqrt{6+3\sqrt{3}}$

ヒント **65** (6) $\sqrt{6+3\sqrt{3}}=\sqrt{6+\sqrt{27}}=\sqrt{\dfrac{12+2\sqrt{27}}{2}}$ と変形する。

3節 1次不等式

1 1次不等式　　　　　　　　　　　　　　　　　　教 p.34〜40

1 不等式とその性質

(1) $a<b,\ b<c \Rightarrow a<c$

(2) $a<b \Rightarrow a+c<b+c,\ a-c<b-c$

(3) $a<b,\ c>0 \Rightarrow ac<bc,\ \dfrac{a}{c}<\dfrac{b}{c}$

$a<b,\ c<0 \Rightarrow ac>bc,\ \dfrac{a}{c}>\dfrac{b}{c}$

2 1次不等式の解法

方程式と同様に，x を含む式を左辺に，数だけの項を右辺に移項して整理する。

両辺を x の係数で割るとき，x の係数が負の場合は不等号の向きが変わる。

A

□*66　$a<b$ のとき，次の□にあてはまる不等号を記入せよ。　　教 p.34〜35

(1) $a-3 \ \square\ b-3$

(2) $0.3a \ \square\ 0.3b$

(3) $-\dfrac{a}{3} \ \square\ -\dfrac{b}{3}$

(4) $-\dfrac{2-a}{5} \ \square\ -\dfrac{2-b}{5}$

□67　次の1次不等式を解け。　　教 p.37 練習 2

(1) $3x+2>8$

*(2) $-5x-1\leqq9$

*(3) $4x-7\leqq2x+5$

*(4) $2(3x-1)\geqq3x+10$

(5) $x-4(2x-3)<-9$

(6) $5(x-2)-2x\geqq-3(1-2x)+8$

□68　次の1次不等式を解け。　　教 p.37 練習 3

*(1) $\dfrac{3x-1}{4}<\dfrac{x-2}{3}$

(2) $\dfrac{x}{3}-\dfrac{1}{6}>\dfrac{1}{2}+\dfrac{x}{9}$

*(3) $0.7x-1.2\leqq0.2x+0.3$

(4) $\dfrac{3}{4}x-1.5>0.7+\dfrac{x}{5}$

B

□69　次の問いに答えよ。　　教 p.37 練習 2, 3

*(1) 不等式 $6(1-2x)>-5(x+8)$ を満たす最大の自然数を求めよ。

*(2) 不等式 $\dfrac{3}{4}x+\dfrac{2}{3}>x-\dfrac{1}{6}$ を満たす自然数の個数を求めよ。

(3) 不等式 $\sqrt{3}x+1<2x-1$ を満たす最小の整数を求めよ。

3 **連立不等式**

連立不等式は，それぞれの不等式の解を数直線上に図示するなどして，共通範囲を求める。

不等式 $A<B<C$ は，連立不等式 $\begin{cases} A<B \\ B<C \end{cases}$ である。

4 **連立不等式の整数解**

連立不等式の解を数直線上に図示するなどして，解の条件を満たす x の範囲を求める。

5 **不等式の応用**

求めたいものを x とおいて，文章中の条件を x を用いた式で表す。

───────────────── A ─────────────────

□ **70** 次の連立不等式を解け。　　　　　　　　　　　　　　　　　　　　教 p.38 練習 4

*(1) $\begin{cases} 5x-3<2x+6 \\ x+2<4x-1 \end{cases}$ 　　　(2) $\begin{cases} 4x-1>2x+5 \\ 7x-2>-x+6 \end{cases}$

*(3) $\begin{cases} 2(x+5)\leqq -x+4 \\ 3(x-1)>2(2x-1)+3 \end{cases}$ 　　　(4) $\begin{cases} 2+x\geqq \dfrac{1}{3}(x+7) \\ 4x-5<\dfrac{x+1}{4} \end{cases}$

□ **71** 次の不等式を解け。　　　　　　　　　　　　　　　　　　　　教 p.38 練習 5

(1) $x-4\leqq 3x\leqq 2x+1$ 　　　　　　*(2) $\dfrac{x+2}{3}<\dfrac{2x+1}{4}<\dfrac{5x-3}{6}$

□ **72** 次の不等式を満たす整数 x の個数を求めよ。　　　　　　　　　教 p.39 練習 6

*(1) $-\dfrac{7}{3}<x<2$ 　　　(2) $0\leqq 4x<x+11$ 　　　(3) $x-6<-2x<2x+5$

───────────────── B ─────────────────

□ *73 2つの不等式 $6x-1\geqq 3x+1$, $2x\leqq a$ を同時に満たす整数 x が，ちょうど3個あるとき，定数 a の値の範囲を求めよ。　　　教 p.39 練習 7

□ *74 ある施設の入場料は1人600円であるが，30人以上の団体の場合1人100円安くなるという。30人未満であっても30人の団体として入場した方が安くなるのは何人からか。　　　教 p.40 練習 8

□ **75** A地点から4km離れたB地点に行くとき，歩く速さは毎分80m，走る速さは毎分180mで行くものとする。40分以内に到着するには何分以上走ればよいか。　　　教 p.40 練習 9

例題 9

不等式 $4x-1>x+a$ ……① について，次の問いに答えよ。ただし，a は定数とする。

(1) ①の解が $x>1$ となるとき，a の値を求めよ。

(2) ①の解に含まれる最小の整数が 2 となるように，a の値の範囲を定めよ。

〈考え方〉(1) 不等式の解を求め，解を一致させる。

(2) 解に含まれる整数の中で 2 が最小となるように数直線を使って考える。

解答

(1) $4x-1>x+a$ より $3x>a+1$ よって $x>\dfrac{a+1}{3}$

これが $x>1$ であるから $\dfrac{a+1}{3}=1$ より $a=2$ **答**

(2) 右の図より $1\leqq\dfrac{a+1}{3}<2$ を満たせばよいから

$3\leqq a+1<6$

よって $2\leqq a<5$ **答**

> $=$ のとき解は $1<x$ となり，$x=1$ を含まない。

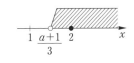

□ **76** 不等式 $3x-a\geqq 5x-8$ ……① について，次の問いに答えよ。ただし，a は定数とする。

(1) ①の解が $x<1$ となるとき，a の値を求めよ。

(2) ①の解が $x=-1$ を含むように，a の値の範囲を定めよ。

(3) ①の解に含まれる最大の整数が 1 となるように，a の値の範囲を定めよ。

□ **77** 連立不等式 $\begin{cases} 2x-5a\geqq -x+a \\ 3x-1<2x+3a \end{cases}$ の解に含まれる整数が 1 と 2 だけになるように，定数 a の値の範囲を定めよ。

例題 10

a を定数とする。不等式 $ax>-1$ を解け。

〈考え方〉 a が定数でいろいろな値をとるから，a の値で場合分けする。

解答

$a>0$ のとき 両辺を a で割って $x>-\dfrac{1}{a}$

$a=0$ のとき $0\cdot x>-1$ となるから **すべての実数**

$a<0$ のとき 両辺を a で割って $x<-\dfrac{1}{a}$ **答**

□ **78** a を定数とする。次の不等式を解け。

(1) $(a-1)x>2$ *(2) $ax-3a\geqq 2x-6$

□ **79** 不等式 $ax+1<-x+3$ が次の解をもつように，定数 a の値を定めよ。

(1) $x<1$ (2) $x>-1$

2　絶対値を含む方程式・不等式

教 p.41〜43

1　絶対値を含む方程式・不等式

$a>0$ のとき，方程式 $|x|=a$ の解は　$x=\pm a$

$|x|<a$ の解は　$-a<x<a$，　$|x|>a$ の解は　$x<-a,\ a<x$

□ **80** 次の方程式，不等式を解け。

教 p.41 練習 10
p.42 練習 11

(1) $|x|=9$　　　　(2) $|x+5|=7$　　　*(3) $|2x-1|=5$

*(4) $|x|\geqq 8$　　　*(5) $|x-1|\leqq 2$　　　(6) $|x+2|>6$

研究 絶対値と場合分け

教 p.42〜43

□ **81** 次の方程式，不等式を解け。

教 p.43 演習 2

(1) $|x-1|=2x$　　　(2) $|x+2|=-x$　　　*(3) $|2x-1|=x+2$

(4) $|x-1|>2x$　　　(5) $|x+2|<-x$　　　*(6) $|2x-1|>x+2$

例題 11

方程式 $|x|+|x-2|=x+1$ を解け。

考え方 $|x|$ は $x=0$，$|x-2|$ は $x=2$ がそれぞれ場合分けの分岐点になるので，$x<0$，$0\leqq x<2$，$2\leqq x$ に分けて考える。求めた解が，場合分けした範囲に含まれるかどうかも吟味する。

解答 (i) $x<0$ のとき

$|x|=-x$，$|x-2|=-(x-2)$ であるから　$-x-(x-2)=x+1$ より　$x=\dfrac{1}{3}$

これは，$x<0$ を満たさないので不適。

(ii) $0\leqq x<2$ のとき

$|x|=x$，$|x-2|=-(x-2)$ であるから　$x-(x-2)=x+1$ より　$x=1$

これは，$0\leqq x<2$ を満たす。

(iii) $2\leqq x$ のとき

$|x|=x$，$|x-2|=x-2$ であるから　$x+(x-2)=x+1$ より　$x=3$

これは，$2\leqq x$ を満たす。　よって　$x=3$

(i), (ii), (iii)より，求める解は　**$x=1,\ 3$** 答

□ **82** 次の方程式・不等式を解け。

(1) $|x+1|+|x-4|=7$　　　　(2) $|2x|+|x-3|=2x+1$

(3) $|x+2|+|x-1|>5$　　　　(4) $|x+3|+2|x-2|<x+5$

□ **83** ある整式に $-x^2+2xy+y^2$ を加えるところ，誤ってこの式を引いてしまったので，答えが $7x^2-xy-4y^2$ となった。正しい答えを求めよ。

□ **84** 整式 A, B が次の式を満たすとき，A, B を求めよ。

$$A+B=x(x+1)(x-3)$$
$$A-B=(x+1)(x+2)(x+3)$$

□ **85** 次の式を簡単にせよ。

(1) $(x+1)^2(x+2)+(x+1)(x+2)-(x+1)(x+2)^2$

(2) $(x+1)^2(3x-1)-(x+1)(x+2)(2x-1)$

□ **86** 次の式を因数分解せよ。

(1) $xyz-xy-yz-zx+x+y+z-1$

(2) $a^2b-ab^2+abd-ac+bc-cd$

(3) $(a+b+c)^3-a^3-b^3-c^3$

□ **87** 次の連立不等式を解け。

(1) $\begin{cases} 3x>\sqrt{7}x+2 \\ |x-6|<1 \end{cases}$

(2) $\begin{cases} \dfrac{3}{4}x-\dfrac{2}{3}<\dfrac{5}{6}x+\dfrac{1}{2} \\ |x+5|>2 \end{cases}$

□ **88** 生徒全員が長いすに座るのに，1脚に8人ずつかけると10人が座れず，1脚に7人ずつかけると4脚不足する。考えられる長いすの数は何脚以上何脚以下か。

□ **89** $a+b=3$, $a^2+b^2=11$ のとき，次の式の値を求めよ。

(1) ab　　　　　　(2) $a-b$　　　　　　(3) a^3-b^3

□ **90** $-2<x\leqq 4$, $-1\leqq y<3$ であるとき，次の式の値の範囲を求めよ。

(1) $3x$　　　　　　(2) $x+2y$　　　　　　(3) $3x-2y$

91 次の問いに答えよ。

(1) $(a+b)(b+c)(c+a)+abc$ を因数分解せよ。

(2) $a+b+c=3$, $a^2+b^2+c^2=5$ のとき, $(a+b)(b+c)(c+a)+abc$ の値を求めよ。

92 x の連立不等式 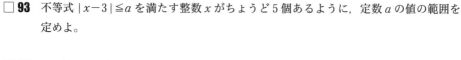 について, 次の問いに答えよ。

(1) 解が $x>4$ となるように, 定数 a の値を定めよ。

(2) 解が $-3<x<1$ となるように, 定数 a の値を定めよ。

93 不等式 $|x-3|\leqq a$ を満たす整数 x がちょうど 5 個あるように, 定数 a の値の範囲を定めよ。

94 a の値が次の範囲のとき, $P=|a+2|+|a|+|a-2|$ を簡単にせよ。

(1) $a<-2$ (2) $-2\leqq a<0$

(3) $0\leqq a<2$ (4) $2\leqq a$

95 次の式を a の値の範囲で場合分けして簡単にせよ。

(1) $P=|a|+|a-1|+|a+2|$

(2) $P=\sqrt{a^2+4a+4}+\sqrt{a^2-10a+25}$

96 次の式を因数分解せよ。

(1) $(x-y)^3+(y-z)^3+(z-x)^3$

(2) $x^4+y^4+z^4-2x^2y^2-2y^2z^2-2z^2x^2$

(3) $x^3+y^3+z^3-3xyz$

Prominence

97 $P=\dfrac{6}{\sqrt{a}-4}$ について, 次の問いに答えよ。ただし, a は自然数とする。

(1) P の整数部分が 2 となる a は何個あるか。

(2) P の整数部分が最大となる a の値を考えてみよう。また, そのときの整数部分の値を求めてみよう。

1 節 集合と論証

1 集合と要素

教 p.48〜54

⬜1 **集合** ⬜2 **集合の表し方**

$a \in A$　要素 a は集合 A に属する

$b \not\in A$　要素 b は集合 A に属さない

集合の表し方　〔方法1〕　要素をかき並べる

〔方法2〕　要素の満たす条件を示す

⬜3 **部分集合 (集合の包含関係と相等)**

$A \subset B$　A を B の部分集合

A は B に含まれる，B は A を含むという。とくに $A \subset A$ が成り立つ。

$A = B$　A と B は等しい

$A \subset B$ かつ $A \supset B$ が成り立つとき $A = B$

$A \subset B$ であるが $A \neq B$ のとき，A は B の真部分集合であるという。

空集合 $\varnothing$　属する要素が1つもない集合。すべての集合 A に対して $\varnothing \subset A$

⬜4 **共通部分と和集合**

$A \cap B = \{x \,|\, x \in A \text{ かつ } x \in B\}$　A と B の共通部分

$A \cup B = \{x \,|\, x \in A \text{ または } x \in B\}$　A と B の和集合

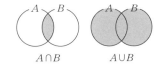

⬜5 **3 つの集合の共通部分と和集合**

$A \cap B \cap C$　A と B と C の共通部分

$A \cup B \cup C$　A と B と C の和集合

⬜6 **補集合** ⬜7 **ド・モルガンの法則**

$\overline{A} = \{x \,|\, x \in U \text{ かつ } x \not\in A\}$　U における A の補集合

$A \cup \overline{A} = U,\ A \cap \overline{A} = \varnothing,\ \overline{\overline{A}} = A,$　「$A \subset B$　ならば　$\overline{A} \supset \overline{B}$」

ド・モルガンの法則　$\overline{A \cup B} = \overline{A} \cap \overline{B},\ \overline{A \cap B} = \overline{A} \cup \overline{B}$

A

⬜ **98** 次の □ に $\in$ または $\not\in$ のいずれか適するものをかき入れよ。 教 p.48 練習 1

(1)　A を 24 の正の約数の集合とすると　$3 \,\square\, A,\ 5 \,\square\, A,\ 9 \,\square\, A$

*(2)　B を有理数の集合とすると　$-2 \,\square\, B,\ \dfrac{1}{3} \,\square\, B,\ \sqrt{3} \,\square\, B$

(3)　C を素数の集合とすると　$1 \,\square\, C,\ 2 \,\square\, C,\ 5 \,\square\, C,\ 6 \,\square\, C$

⬜ **99** 次の集合を，要素をかき並べる方法で表せ。 教 p.49 練習 2

(1)　10 以下の自然数の集合　　*(2)　24 の正の約数の集合

(3)　$\{x \,|\, x^2 = 4\}$　　*(4)　$\{x \,|\, x \text{ は 3 の倍数},\ 10 \leq x \leq 20\}$

*(5)　$\{3n - 1 \,|\, n = 1,\ 2,\ 3,\ \cdots\cdots\}$

☐ **100** 次の集合を，要素の満たす条件を示す方法で表せ。 㜟p.49練習3

(1) {1, 2, 3, 4, 6, 12} *(2) {5, 10, 15, 20, 25, 30, ……}

☐ **101** 次の2つの集合 A, B の包含関係を記号⊂, = を用いて表せ。 㜟p.50練習4

*(1) $A=\{1, 4, 10\}$, $B=\{x\,|\,x$ は 20 の正の約数$\}$

(2) $A=\{4m-1\,|\,m=1, 2\}$, $B=\{x\,|\,(x-3)(x-7)=0\}$

(3) A は平行四辺形全体の集合，B は長方形全体の集合

☐ **102** 次の集合の部分集合をすべて求めよ。 㜟p.51練習5

(1) $\{a, b\}$ *(2) $\{a, b, c\}$

☐ **103** 次の2つの集合の共通部分と和集合を求めよ。 㜟p.51練習6

*(1) $A=\{1, 2, 3, 4, 5\}$, $B=\{3, 5, 7, 9\}$

*(2) $A=\{2, 4, 5, 8\}$, $B=\{3, 7, 9, 10\}$

(3) $A=\{x\,|\,x$ は1桁の3の正の倍数$\}$, $B=\{x\,|\,x$ は1桁の正の奇数$\}$

☐ **104** $A=\{2, 4, 5, 7\}$, $B=\{3, 5, 6, 7\}$, $C=\{1, 2, 6, 7\}$ について，$A\cap B\cap C$ と $A\cup B\cup C$ を求めよ。 㜟p.52練習7

☐ **105** 全体集合 $U=\{x\,|\,x$ は 10 以下の自然数$\}$ において，2つの集合を

$A=\{1, 3, 5, 6, 10\}$, $B=\{1, 2, 6, 7, 9\}$

とするとき，次の集合を求めよ。 㜟p.53練習8

*(1) $\overline{A}$ (2) $\overline{B}$ (3) $\overline{A}\cap B$ *(4) $\overline{A}\cup\overline{B}$

*(5) $\overline{A}\cap B$ (6) $A\cup\overline{B}$ *(7) $\overline{A\cap B}$ (8) $\overline{A\cup B}$

━━━━━━━━━━━ **B** ━━━━━━━━━━━

☐ **106** $A=\{x\,|\,x$ は1桁の自然数$\}$ について，次の集合を，要素をかき並べる方法で表せ。

*(1) $B=\{x^2\,|\,x\in A\}$ (2) $C=\{x\,|\,x\in A$ かつ $x^2\in A\}$ 㜟p.49練習2)

☐ **107** 全体集合 $U=\{x\,|\,x$ は 10 以下の自然数$\}$ において，3つの集合 A, B, C を

$A=\{1, 2, 5, 10\}$, $B=\{2, 3, 5, 7\}$, $C=\{1, 2, 3, 4\}$

とするとき，次の集合を求めよ。 㜟p.52練習7 p.53練習8

(1) $\overline{A}\cap B\cap\overline{C}$ (2) $\overline{A}\cup\overline{B}\cup\overline{C}$ (3) $(A\cup B)\cap\overline{B}$

━━━━ C ━━━━

例題 12

全体集合 $U=\{1,\ 2,\ 3,\ 4,\ 5,\ 6,\ 7,\ 8,\ 9\}$ の部分集合 A, B について
$$\overline{A}\cap B=\{3,\ 7\},\quad A\cap\overline{B}=\{5,\ 8\},\quad \overline{A}\cap\overline{B}=\{1,\ 2,\ 4\}$$
であるとき，次の集合を求めよ。

(1) $A\cap B$　　　(2) A　　　(3) B

考え方 図をかいて考える（右の図をベン図という）。

解答 条件から右の図のようになるので，

(1) $A\cap B=\{6,\ 9\}$　答

(2) $A=\{5,\ 6,\ 8,\ 9\}$　答

(3) $B=\{3,\ 6,\ 7,\ 9\}$　答

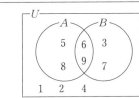

□*108 全体集合 $U=\{1,\ 2,\ 3,\ 4,\ 5,\ 6,\ 7,\ 8,\ 9\}$ の部分集合 A, B について
$$\overline{A\cap B}=\{1,\ 2,\ 4,\ 6,\ 8\},\quad \overline{A}\cap B=\{2,\ 6\},\quad A\cap\overline{B}=\{4,\ 8\}$$
であるとき，次の集合を求めよ。

(1) A　　　　　　(2) B　　　　　　(3) $A\cup B$

□109 2つの集合 A, B について，$A\cap B=\{2,\ 4\}$，$A\cup B=\{1,\ 2,\ 3,\ 4\}$ であるとき，考えられる集合 A をすべて求めよ。

例題 13

2つの集合 A, B について，$A=\{2,\ 3,\ 3a-1\}$，$B=\{-3,\ a+3,\ a^2-2a+2\}$，$A\cap B=\{2,\ 5\}$ となるとき，定数 a の値を求めよ。

考え方 共通部分の要素はどちらの集合にも属する。

解答 $A=\{2,\ 3,\ 3a-1\}$，$A\cap B=\{2,\ 5\}$ であるから

5 は A に属するので，$3a-1=5$

よって　$a=2$

> 2と5が集合Bにも属さなければ，条件を満たさない。

このとき，$A=\{2,\ 3,\ 5\}$，$B=\{-3,\ 2,\ 5\}$ で，条件を満たす。　答

□110 2つの集合 $A=\{3,\ a+3,\ 4a+2b\}$，$B=\{b+1,\ 4a,\ 2a+3b,\ 8b-1\}$ について，次の条件を満たすとき，自然数 a, b の値を求めよ。

(1) $A\cap B=\{5,\ 16\}$

(2) $A\subset B$

2　命題と条件

教 p.55〜60

1　**命題と条件**

命題：正しい（真）か正しくない（偽）かを明確に判断できる事柄を述べた文や式

条件：変数を含む文や式で，その変数に値を代入したとき真偽が定まる文や式

2　**命題の真偽と集合**

条件 p を満たすものの集合を P，条件 q を満たすものの集合を Q とする。

命題「$p \Longrightarrow q$」に対して，p を仮定，q を結論という。

命題「$p \Longrightarrow q$」が真であることと，$P \subset Q$ であることは同じ。

3　**命題と反例**

命題「$p \Longrightarrow q$」が偽であることを示すには，$P \subset Q$ が成り立たないことを示す。

→ 仮定 p は満たすが，結論 q を満たさない例（反例）を 1 つあげる。

4　**必要条件と十分条件**

2 つの条件 p，q に対して

・命題「$p \Longrightarrow q$」が真のとき　p は q であるための **十分条件**

$\qquad\qquad\qquad\qquad\qquad$ q は p であるための **必要条件** という。

・命題「$p \Longrightarrow q$」，「$q \Longrightarrow p$」がともに真のとき，「$p \Longleftrightarrow q$」と表す。

$\qquad$ p は q であるための **必要十分条件**，q は p であるための **必要十分条件** という。

$\qquad$ p と q は **同値**

5　**条件の否定**　　6　**「かつ」「または」と否定**

条件 p に対して，「p でない」を p の否定といい，$\overline{p}$ で表す。

全体集合を U，条件 p，q を満たすものの集合をそれぞれ P，Q とすると，

$\qquad$ 条件 $\overline{p}$ を満たすものの集合は，補集合 $\overline{P}$

$\qquad$ 条件「p かつ q」を満たすものの集合は，共通部分 $P \cap Q$

$\qquad$ 条件「p または q」を満たすものの集合は，和集合 $P \cup Q$

ド・モルガンの法則

$\qquad$ $\overline{p \text{ かつ } q} \Longleftrightarrow \overline{p} \text{ または } \overline{q}$ $\qquad$ $\overline{p \text{ または } q} \Longleftrightarrow \overline{p} \text{ かつ } \overline{q}$

A

□ **111**　x，y を実数とする。次の命題の真偽を調べよ。 教 p.55 練習 10

(1)　$5 \geqq 0$ である。 $\qquad\qquad$ *(2)　$x + y = 0$ ならば $x^2 = y^2$ である。

*(3)　$x^2 = x$ ならば $x = 1$ である。 $\qquad$ (4)　平行四辺形は台形である。

□ ***112**　x を実数とする。次の命題のうち真であるものを選べ。 教 p.56 練習 11

① $\quad -3 < x < -2 \Longrightarrow x < 0$ $\qquad$ ② $\quad x < 0 \Longrightarrow -3 < x < -2$

③ $\quad 2 < x < 5 \Longrightarrow x > 3$ $\qquad$ ④ $\quad |x| < 4 \Longrightarrow x < 4$

□ **113** x, y を実数，n を自然数とする。次の命題の真偽を調べよ。

また，偽であるときは反例をあげよ。　　　　　　　　　　　教 p.57 練習 12

(1)　$x<-3 \Longrightarrow x<-5$　　　　　*(2)　$1<x<4 \Longrightarrow 0<x<5$

*(3)　$x^2+2x-15=0 \Longrightarrow x=3$　　　(4)　$|x|<|y| \Longrightarrow x<y$

*(5)　$xy>0 \Longrightarrow x+y>0$　　　　(6)　n が奇数 $\Longrightarrow 2n+1$ は素数

□ **114** x を実数，n を自然数とする。次の□□□の中に，「十分」，「必要」のうち適するもの

を記入せよ。　　　　　　　　　　　　　　　　　　　　　教 p.58 練習 13

(1)　$x^2=3x$ は，$x=3$ であるための□□条件である。

*(2)　$x<-2$ は，$x<-4$ であるための□□条件である。

*(3)　正方形であることは，長方形であるための□□条件である。

(4)　n が 12 の倍数であることは，n が 2 の倍数かつ 3 の倍数であるための□□□

　　条件である。

□ **115** x, y を実数，n を自然数とする。次の□□□の中に，「十分条件であるが必要条件で

はない」「必要条件であるが十分条件ではない」「必要十分条件である」「必要条件で

も十分条件でもない」のうち適するものを記入せよ。　　　　教 p.59 練習 14

(1)　$x>4$ は，$x>3$ であるための□□□。

*(2)　$xy=2$ は，「$x=1$ かつ $y=2$」であるための□□□。

*(3)　「$x=1$ または $x=3$」であることは，$x^2-4x+3=0$ であるための□□□。

(4)　n が奇数であることは，n が素数であるための□□□。

(5)　$\triangle ABC \equiv \triangle DEF$ であることは，$\triangle ABC \backsim \triangle DEF$ であるための□□□。

□ **116** x を実数，n を自然数とする。次の条件の否定を述べよ。　　教 p.59 練習 15

(1)　$x^2+3x-10=0$　　　　　　　*(2)　$x \leqq -4$

(3)　n は 3 で割り切れる

□ *117** x, y を実数，n を自然数とする。次の条件の否定を述べよ。　教 p.60 練習 16

(1)　$x=0$ かつ $y=0$　　　　　　(2)　$x<-2$ または $3<x$

(3)　$0<x \leqq 3$　　　　　　　　　(4)　n は 3 の倍数または 4 の倍数

(5)　x, y はともに正である

━━━━━━━━━━━━━━━━━━━━━━━━◀ **B** ▶━━━━━━━━━━━━━━━━━━━━━

□ **118** a, b, c, d, x を実数, n を整数とする。次の□の中に「十分条件であるが必要条件ではない」,「必要条件であるが十分条件ではない」,「必要十分条件である」,「必要条件でも十分条件でもない」のうち適するものを記入せよ。 (敎)p.59 練習 14)

　(1)　「$a>b$ かつ $c>d$」は, $a+c>b+d$ であるための□。

　*(2)　四角形 ABCD において, ∠A$=90°$ は四角形 ABCD が長方形であるための□。

　*(3)　$ab<0$ は a, b の少なくとも一方が負であるための□。

　(4)　$|x|<3$ は, $-3<x<3$ であるための□。

　(5)　n が奇数であることは, $2n+1$ が 3 の倍数であるための□。

□ **119** x, y を実数とする。次の 2 つの条件 p, q は同値であることを示せ。

　　$p:|x|+|y| \neq 0$ 　　　$q:x$, y の少なくとも一方は 0 ではない 　　　(敎)p.58)

━━━━━━━━━━━━━━━━━━━━━━━━◀ **C** ▶━━━━━━━━━━━━━━━━━━━━━

例題 14
─────────────────────────────────────

　　$x>a$ が「$x<-1$ または $2<x$」であるための十分条件となるように, a の値の範囲を定めよ。

〈考え方〉条件の表す集合の包含関係を考える。

解答　$P=\{x|x>a\}$, $Q=\{x|x<-1$ または $2<x\}$ とする。

　$x>a$ が「$x<-1$ または $2<x$」であるための
　十分条件になるには,
　命題「$x>a \Longrightarrow x<-1$ または $2<x$」が真,
　つまり $P \subset Q$ が成り立てばよい。
　よって, 右の図より,
　$P \subset Q$ となる a の値の範囲は　$a \geqq 2$　**答**

□ **120**　$x<a$ が $-3<x<1$ であるための必要条件となるように, a の値の範囲を定めよ。

□ **121**　$a>0$ とする。2 つの条件

　　　　　$p:|2x+1| \leqq 3$, 　$q:|x|<a$

について, 次の命題が真となるような a の値の範囲を定めよ。

　(1)　p は q であるための十分条件である。

　(2)　p は q であるための必要条件である。

3 　逆・裏・対偶　　　　　　　　　　　　　　　　　　　　　　㉚p.61～65

1 **逆・裏・対偶**

1. 命題「$p \Longrightarrow q$」に対して

　　「$q \Longrightarrow p$」は「$p \Longrightarrow q$」の逆，　「$\overline{p} \Longrightarrow \overline{q}$」は「$p \Longrightarrow q$」の裏

　　「$\overline{q} \Longrightarrow \overline{p}$」は「$p \Longrightarrow q$」の対偶

2. もとの命題が真であっても，逆と裏は真とは限らない。

2 **対偶を利用した証明法**

命題「$p \Longrightarrow q$」と，その対偶「$\overline{q} \Longrightarrow \overline{p}$」の真偽は一致する。

ある命題が真であることを証明するとき，その対偶が真であることを証明してもよい。

3 **背理法**

ある命題を証明するとき，その命題が成り立たないと仮定すると矛盾が生じることを示すことによって，もとの命題が成り立つことを証明する方法。

◤ A ◢

□ **122** 　$x,\ y$ を実数，n を整数とする。次の命題の逆・裏・対偶を述べ，それぞれの真偽を調べよ。　　　　　　　　　　　　　　　　　　　　　　　　　㉚p.61 練習 17

(1) 　$x^2+x-6=0 \Longrightarrow x=-3$ または $x=2$

*(2) 　$x<-2 \Longrightarrow x<-3$

(3) 　$xy=0 \Longrightarrow x+y=0$

*(4) 　n が 3 の倍数ならば，n は 6 の倍数である。

□ **123** 　n が整数のとき，次の命題が真であることを証明せよ。　　㉚p.63 練習 18

*(1) 　「n^2 が 3 の倍数でないならば，n は 3 の倍数でない」

(2) 　「n^2-1 が奇数ならば，n は偶数である」

□ **124** 　$x,\ y$ が実数のとき，次の命題が真であることを証明せよ。　㉚p.63 練習 19

*(1) 　「$xy \neq 4$ ならば，$x \neq 2$ または $y \neq 2$」

(2) 　「$2x+3y>12$ ならば，$x>3$ または $y>2$」

□ **125** 　$\sqrt{3}$ が無理数であることを用いて，次の数が無理数であることを証明せよ。

*(1) 　$\sqrt{3}+2$　　　　　　　　　　　　(2) 　$\sqrt{12}$　　　　　㉚p.63 練習 20

□* **126** 　$\sqrt{5}$ が無理数であることを証明せよ。ただし，m を整数とするとき，

「m^2 が 5 の倍数ならば，m は 5 の倍数である」ことを用いてよい。　㉚p.64 練習 21

□ **127** $\sqrt{5}$ が無理数であることを用いて，p, q が有理数のとき，
「$p+q\sqrt{5}=0$ ならば，$p=q=0$」であることを証明せよ。 教 p.65 練習 22

□ **128** x, y を実数，a, b を整数とする。次の命題の逆・裏・対偶を述べ，それぞれの真偽を調べよ。 (教) p.61 練習 17)

   (1) $x^2=y^2 \Longrightarrow x=y$

   (2) 「$x\geqq 1$ かつ $y\geqq 2$」$\Longrightarrow x+y\geqq 3$

   (3) $xy=0 \Longrightarrow x$, y の少なくとも一方は 0 である

   (4) ab が奇数 $\Longrightarrow a$, b の少なくとも一方は奇数

◀ C ▶

□ **129** $\sqrt{2}$ が無理数であることを用いて，$\sqrt{3}+\sqrt{6}$ が無理数であることを証明せよ。

発展 「すべて」と「ある」の否定 教 p.68

   p を x についての条件とするとき，

      命題「すべての x について p である」の否定は「ある x について $\overline{p}$ である」

      命題「ある x について p である」の否定は「すべての x について $\overline{p}$ である」

   なお，もとの命題とその否定では真偽が逆になる。

◀ B ▶

□ *__**130** 次の命題の否定を述べよ。また，もとの命題とその否定の真偽を調べよ。

   (1) 「すべての実数 x について，$x^2>0$ である」

   (2) 「ある素数 n について，n は偶数である」 (教) p.68 演習 1

□ **131** 次の□□に適するものを下の選択肢①～④のうちから 1 つ選び，番号で答えよ。
ただし，x, y は実数とする。 (教) p.68 演習 1)

   (1) 「ある x について $xy=0$」は「$y=0$」であるための□□。

   (2) 「すべての正の数 a について $a+x\geqq 0$」は「$x\geqq 0$」であるための□□。

   [選択肢]   ①   必要十分条件である

           ②   十分条件であるが必要条件ではない

           ③   必要条件であるが十分条件ではない

           ④   必要条件でも十分条件でもない

□ **132** 実数 x に関する条件 p, q, r, s を次のように定める。

$$p : -5 < 3x - 2 < 13 \qquad q : -5 \leqq 2x + 1 \leqq 11$$
$$r : x - 4 > -1 \qquad\qquad s : |x| > 3$$

また，条件 q, r, s の否定をそれぞれ $\bar{q}$, $\bar{r}$, $\bar{s}$ とする。このとき，次の □ に適するものを下の選択肢①〜④のうちから1つ選び，番号で答えよ。

(1) p は q であるための □ 。

(2) s は r であるための □ 。

(3) 「p かつ r」は q であるための □ 。

(4) s は $\bar{q}$ であるための □ 。

(5) 「q かつ $\bar{r}$」は $\bar{s}$ であるための □ 。

［選択肢］　① 必要十分条件である

② 十分条件であるが必要条件ではない

③ 必要条件であるが十分条件ではない

④ 必要条件でも十分条件でもない

□ **133** 次の問いに答えよ。

(1) l, m, n が整数のとき，「$l^2 + m^2 = n^2$ が成り立つならば，l, m, n のうち少なくとも1つは偶数」であることを証明せよ。

(2) m, n が整数のとき，「$m^2 + n^2$ が奇数ならば，mn は偶数」であることを証明せよ。

Prominence

□ **134** 1から15までの自然数の集合の部分集合 A, B について

$A \cap B = \{n \mid n$ は6の倍数$\}$, $A \cup B = \{n \mid n$ は3の倍数$\}$ であるとき，次の問いに答えよ。

(1) 集合 A として考えられるものをすべて求めよ。

(2) 自然数 x, y について，x は集合 $A \cap B$ に属し，y は集合 $A \cup B$ に属する要素であるとする。このとき，次の命題(ア), (イ)が真となるような自然数 k のうち，最も小さい値をそれぞれ求めよ。

(ア) すべての x, y について，$x + y < k$ である。

(イ) すべての x と，ある y について，$xy < k$ である。

1節 2次関数とそのグラフ

1 関数とグラフ 　　　　　　　　　　　　　　　　　　　　㉔p.70〜74

① **関数**

2つの変数 x と y があり，x の値を定めるとそれに対応して y の値がただ1つ定まるとき，y は x の関数であるという。y が x の関数であることを $y=f(x)$，$y=g(x)$ などと表す。

② **座標平面**　　③ **関数のグラフ**

座標平面は，x 軸，y 軸によって右の図のように
　第1象限，第2象限，第3象限，第4象限
の4つの部分に分けることができる。
点 P の座標は P(a, b) とかき，方程式 $y=f(x)$ を
満たす点 (x, y) の集まり全体が作る図形を関数
$y=f(x)$ のグラフという。

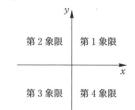

④ **関数の定義域・値域**　　⑤ **関数の最大値・最小値**

関数 $y=f(x)$ において，変数 x のとりうる値の範囲をこの関数の定義域という。
x が定義域内のすべての値をとるとき，x に対応する y のとりうる値の範囲をこの関数の値域という。

A

□ **135** 次の2つの変数 x と y について，y を x の式で表せ。　　　　　　(㉔p.70)

(1) 面積が 10 の長方形の縦の長さが x，横の長さが y である。

*(2) 底面の半径が x で高さが 5 の円錐の体積が y である。

□ **136** 次の関数 $f(x)$ において，$f(-3)$，$f(1)$，$f(0)$，$f(a+1)$，$f(1-a)$ をそれぞれ求めよ。

(1) $f(x)=-2x+3$ 　　　　　　*(2) $f(x)=3x^2-6x+1$ 　　㉔p.70 練習 1

□ **137** 次の点を座標平面上にとり，どの象限にあるかをいえ。　　㉔p.71 練習 2

*(1) A$(-3, 4)$ 　　(2) B$(2, 5)$ 　　(3) C$(1, -6)$ 　　*(4) D$(-4, -1)$

□ **138** 次の関数のグラフをかいて，値域を求めよ。　　㉔p.73 練習 3

*(1) $y=2x+3$ 　$(-1\leqq x\leqq 2)$ 　　　(2) $y=-2x-3$ 　$(-2\leqq x\leqq 1)$

(3) $y=x^2$ 　$(3<x<5)$ 　　　　　*(4) $y=-x^2$ 　$(-1\leqq x\leqq 2)$

□ **139** 次の関数の最大値，最小値を求めよ。　　㉔p.73 練習 4

*(1) $y=3x-2$ 　$(-1\leqq x\leqq 3)$ 　　　(2) $y=-\dfrac{1}{2}x+1$ 　$(-2\leqq x\leqq 2)$

*(3) $y=\dfrac{1}{2}x^2$ 　$(-2\leqq x\leqq 0)$ 　　　(4) $y=-2x^2$ 　$(-1\leqq x\leqq 2)$

□ **140** 次の問いに答えよ。 教 p.74 練習 5

(1) $a>0$ のとき，1次関数 $y=ax+b$ $(-1\leqq x\leqq3)$ の最大値が 3，最小値が -5 である。定数 a，b の値を求めよ。

*(2) $a<0$ のとき，1次関数 $y=ax+b$ $(-2\leqq x\leqq5)$ の最大値が 6，最小値が -1 である。定数 a，b の値を求めよ。

□ **141** 次の関数に最大値，最小値があれば，それを求めよ。 教 p.74 練習 6

*(1) $y=3x+4$ $(-4<x\leqq1)$ (2) $y=-\dfrac{1}{3}x^2$ $(x\leqq3)$

◆━━━━━ **B** ━━━━━◆

□ **142** 関数 $y=2x+a$ $(-1\leqq x\leqq1)$ の値域が $2\leqq y\leqq b$ であるとき，定数 a，b の値を求めよ。 教 p.74 練習 5)

◆━━━━━ **C** ━━━━━◆

▶ **例題 15**

関数 $y=ax+b$ $(-1\leqq x\leqq2)$ の値域が $-4\leqq y\leqq5$ であるとき，定数 a，b の値を求めよ。

考え方 a の正負により，最大値・最小値をとる x の値が異なることに注意する。

解答 (i) $a>0$ のとき，関数 $y=ax+b$ のグラフは，右上がりの直線となるから

$\qquad x=2$ のとき最大値 $2a+b$，$x=-1$ のとき最小値 $-a+b$

$-4\leqq y\leqq5$ より $2a+b=5$，$-a+b=-4$

この連立方程式を解いて $a=3$，$b=-1$ これは $a>0$ を満たす。

(ii) $a<0$ のとき，関数 $y=ax+b$ のグラフは，右下がりの直線となるから，

$\qquad x=-1$ のとき最大値 $-a+b$，$x=2$ のとき最小値 $2a+b$

$-4\leqq y\leqq5$ より $-a+b=5$，$2a+b=-4$

この連立方程式を解いて $a=-3$，$b=2$ これは $a<0$ を満たす。

(iii) $a=0$ のとき，つねに $y=b$（定数）となるので適さない。

(i)，(ii)，(iii)より $\boldsymbol{a=3}$，$\boldsymbol{b=-1}$ または $\boldsymbol{a=-3}$，$\boldsymbol{b=2}$ **答**

□ **143** 次の条件を満たすように，定数 a，b の値を定めよ。

(1) 関数 $y=ax+b$ $(-1\leqq x\leqq4)$ の値域が $-11\leqq y\leqq4$ である。

(2) 関数 $y=ax+b$ $(2<x\leqq3)$ の値域が $-1\leqq y<1$ である。

□ **144** $a\neq0$，$b<1$ とする。関数 $y=ax-1$ $(b\leqq x\leqq1)$ の値域が $b\leqq y\leqq1$ であるとき，定数 a，b の値を求めよ。

3

1節　2次関数とそのグラフ

2 **2次関数のグラフ** 教 p.75〜83

1 **$y=ax^2$ のグラフ**

$y=ax^2$ のグラフは放物線で，軸は y 軸，頂点は原点

$a>0$ のとき下に凸，$a<0$ のとき上に凸

2 **$y=ax^2+q$ のグラフ**

$y=ax^2$ のグラフを y 軸方向に q だけ平行移動した放物線

3 **$y=a(x-p)^2$ のグラフ**

$y=ax^2$ のグラフを x 軸方向に p だけ平行移動した放物線

4 **$y=a(x-p)^2+q$ のグラフ**

$y=ax^2$ のグラフを x 軸方向に p，y 軸方向に q だけ平行移動した放物線

軸は直線 $x=p$，頂点は点 $(p,\ q)$

5 **$y=ax^2+bx+c$ のグラフ**

$y=ax^2+bx+c$ を $y=a(x-p)^2+q$ の形に平方完成すると

$$y=a\left(x+\frac{b}{2a}\right)^2-\frac{b^2-4ac}{4a}$$

$y=ax^2$ のグラフを平行移動した放物線

軸は直線 $x=-\dfrac{b}{2a}$，頂点は点 $\left(-\dfrac{b}{2a},\ -\dfrac{b^2-4ac}{4a}\right)$

6 **放物線の平行移動**

放物線 $y=ax^2+bx+c$ を x 軸方向に p，y 軸方向に q だけ平行移動すると

・頂点 $(s,\ t)$ は点 $(s+p,\ t+q)$ へ移る。

・放物線の方程式は $y-q=a(x-p)^2+b(x-p)+c$ となる。

（x を $x-p$ で，y を $y-q$ で置き換える。）

A

145 次の2次関数のグラフをかけ。 教 p.76 練習7

(1) $y=\dfrac{3}{2}x^2$ (2) $y=-\dfrac{3}{2}x^2$ *(3) $y=\dfrac{1}{4}x^2$

146 次の点を x 軸方向に 2，y 軸方向に -5 だけ移動した点の座標を求めよ。 教 p.77

(1) $(0,\ 0)$ (2) $(1,\ 2)$

(3) $(-3,\ -1)$ (4) $(-2,\ 5)$

147 次の2次関数のグラフの頂点を求め，そのグラフをかけ。 教 p.77 練習8

(1) $y=x^2-1$ *(2) $y=-x^2+5$ (3) $y=-3x^2-4$

□ **148** 次の2次関数のグラフの軸と頂点を求め，そのグラフをかけ。　㋭p.78 練習9

(1) $y=(x+3)^2$　　　　*(2) $y=\dfrac{1}{2}(x-4)^2$　　　(3) $y=-\dfrac{1}{3}(x+2)^2$

□ **149** 次の2次関数のグラフの軸と頂点を求め，そのグラフをかけ。　㋭p.79 練習10

(1) $y=(x+2)^2-4$　　　(2) $y=\dfrac{1}{2}(x+3)^2+1$　　*(3) $y=-2(x-1)^2+8$

□ **150** 2次関数 $y=-x^2$ のグラフを次のように平行移動した放物線をグラフとする2次関数を求めよ。　㋭p.79 練習11

(1) x 軸方向に 3，y 軸方向に -4

*(2) x 軸方向に -5，y 軸方向に 1

□ **151** 次の2次関数を $y=a(x-p)^2+q$ の形に変形せよ。　㋭p.80 練習12

*(1) $y=x^2-2x$　　　　(2) $y=2x^2-12x$　　　*(3) $y=-\dfrac{1}{2}x^2+x-2$

(4) $y=-x^2-3x$　　　*(5) $y=x^2-x+\dfrac{3}{4}$　　　(6) $y=-2x^2+3x+2$

□ **152** 次の2次関数のグラフの軸と頂点を求め，そのグラフをかけ。　㋭p.81 練習13

*(1) $y=x^2+4x+2$　　*(2) $y=-2x^2-4x-1$　　(3) $y=\dfrac{1}{2}x^2+2x+2$

(4) $y=-3x^2+2x+1$　*(5) $y=\dfrac{1}{2}x^2-x+2$　　(6) $y=\dfrac{1}{3}x^2-x-\dfrac{4}{3}$

□ **153** 次の問いに答えよ。　㋭p.82 練習14

(1) 放物線 $y=(x-1)^2+2$ をどのように平行移動すると，放物線 $y=(x+1)^2-3$ に重なるか。

*(2) 放物線 $y=-2x^2+1$ をどのように平行移動すると，放物線 $y=-2x^2+12x-19$ に重なるか。

□ **154** 次の放物線を，x 軸方向に 1，y 軸方向に -3 だけ平行移動した放物線の方程式を求めよ。　㋭p.83 練習15

*(1) $y=-x^2$　　　　*(2) $y=2x^2-4x+1$　　　(3) $y=-3x^2-9x-2$

□ **155** 放物線 $y=-2x^2$ を平行移動すると，頂点の座標が次のようになった。移動後の放物線の方程式を求めよ。 <small>(敎 p.79 練習 11)</small>

*(1) $(1, -2)$　　　　(2) $(-3, 1)$　　　　(3) $(-2, -5)$

□ **156** p を定数とする。次の2次関数のグラフの頂点の座標を p を用いて表せ。

(1) $y=x^2+6x+p$ 　　　　　　(2) $y=x^2-2px+5$ 　<small>(敎 p.81 練習 13)</small>

(3) $y=-2x^2+px+p^2$ 　　　　(4) $y=-\dfrac{1}{2}x^2-px$

□ **157** 放物線 $y=x^2+4x-a$ と放物線 $y=-2x^2+2bx+3a+b^2$ が同じ頂点をもつとき，定数 a，b の値と共通の頂点の座標を求めよ。 <small>(敎 p.81 練習 13)</small>

C

□ **158** 放物線 $y=x^2+ax+b$ を x 軸方向に -1，y 軸方向に 3 だけ平行移動すると，放物線 $y=x^2-4x+5$ と重なった。定数 a，b の値を求めよ。

例題 16

2次関数 $y=x^2-(2a-4)x+a^2-5a+9$ のグラフの頂点が第1象限にあるとき，定数 a がとりうる値の範囲を求めよ。

⟨考え方⟩ グラフの頂点を，a を用いて表す。

解答
$$y=x^2-(2a-4)x+a^2-5a+9$$
$$=x^2-2(a-2)x+a^2-5a+9$$
$$=\{x-(a-2)\}^2-(a-2)^2+a^2-5a+9$$
$$=\{x-(a-2)\}^2-a+5 \quad より，頂点は \ (a-2, \ -a+5)$$

頂点が第1象限にあるとき，$a-2>0$ かつ $-a+5>0$

$a-2>0$ より $a>2$ ……①

$-a+5>0$ より $5>a$ ……②

①，②より **$2<a<5$** **答**

□ **159** 2次関数 $y=x^2-2ax+a^2-3a+6$ のグラフの頂点が第1象限にあるとき，定数 a がとりうる値の範囲を求めよ。

□ **160** 放物線 $y=x^2-4ax+4a^2-2a+6$ が次の条件を満たすとき，a の値を求めよ。

(1) 頂点が x 軸上にある。　　　(2) 頂点の x 座標と y 座標が等しい。

⑳p.84

研究 グラフの対称移動

関数 $y=f(x)$ のグラフを x 軸，y 軸，原点に関して対称移動すると，次の関数のグラフになる。

・x 軸に関して対称移動すると　$-y=f(x)$　　$(y=-f(x))$

・y 軸に関して対称移動すると　$y=f(-x)$

・原点に関して対称移動すると　$-y=f(-x)$　$(y=-f(-x))$

□***161**　2次関数 $y=x^2-6x+10$ のグラフを，x 軸，y 軸，原点それぞれに関して対称移動した放物線をグラフとする2次関数をそれぞれ求めよ。 ⑳p.84 演習1

□**162**　2次関数 $y=ax^2+bx+c$ のグラフが，2次関数 $y=-x^2+6x-8$ のグラフと次のような位置関係にあるとき，定数 a，b，c の値を求めよ。 (⑳)p.84 演習1)

(1)　x 軸に関して対称　　　(2)　y 軸に関して対称　　　(3)　原点に関して対称

□**163**　放物線 $y=x^2-2x+3$ を x 軸に関して対称移動し，さらに x 軸方向に p，y 軸方向に q だけ平行移動すると，放物線 $y=-x^2$ に重なった。定数 p，q の値を求めよ。

例題 17

ある放物線を y 軸に関して対称移動し，さらに x 軸方向に 3，y 軸方向に -1 だけ平行移動すると，放物線 $y=2x^2-4x-1$ に重なった。もとの放物線の方程式を求めよ。

解答　放物線 $y=2x^2-4x-1$ を x 軸方向に -3，
y 軸方向に 1 だけ平行移動すると

$$y-1=2\{x-(-3)\}^2-4\{x-(-3)\}-1$$

よって　$y=2x^2+8x+6$

この放物線を y 軸に関して対称移動した放物線が
もとの放物線である。

ゆえに

$$y=2(-x)^2+8(-x)+6 \text{ より}$$

$$\boldsymbol{y=2x^2-8x+6}　\boxed{答}$$

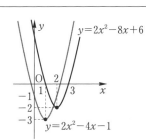

□***164**　ある放物線を y 軸に関して対称移動し，さらに x 軸方向に -1，y 軸方向に 2 だけ平行移動すると，放物線 $y=-x^2+2x+6$ に重なった。もとの放物線の方程式を求めよ。

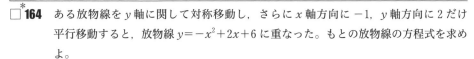

038

2節　2次関数の値の変化

1　2次関数の最大・最小

教 p.86〜92

①　**2次関数の最大・最小**

2次関数 $y=a(x-p)^2+q$ は

　$a>0$ のとき

　　$x=p$ で最小値 q をとり，最大値はない。

　$a<0$ のとき

　　$x=p$ で最大値 q をとり，最小値はない。

②　**定義域に制限がある場合の2次関数の最大・最小**

グラフをかき，頂点や，定義域の端点の y 座標に着目する。

③　**軸の位置と最大・最小**

軸の位置が定義域の中央より左にあるか右にあるかで判断する。

④　**定義域が変化する場合の最大・最小**

定義域内に，軸の x 座標の値が含まれるかどうかに注意する。

⑤　**グラフ（軸の位置）が変化する場合の最大・最小**

表す放物線の軸が変化するときも，軸の位置に注意して場合分けが必要になる。

A

□ **165** 次の2次関数に最大値，最小値があれば，それを求めよ。　教 p.87 練習 1

　(1)　$y=2x^2+5$　　　　　　　　　　*(2)　$y=3(x+3)^2$

　(3)　$y=(x-2)^2+1$　　　　　　　*(4)　$y=-\dfrac{1}{2}(x-3)^2-1$

□ **166** 次の2次関数に最大値，最小値があれば，それを求めよ。　教 p.87 練習 2

　(1)　$y=x^2-6x+4$　　*(2)　$y=2x^2-8x+4$　　(3)　$y=3x^2+12x+6$

　*(4)　$y=-x^2+x$　　　(5)　$y=-2x^2-3x+1$

□ **167** 次の2次関数の最大値，最小値を求めよ。　教 p.88 練習 3

　(1)　$y=x^2-2$　$(0\leqq x\leqq 3)$　　　　*(2)　$y=-x^2-4x$　$(-1\leqq x\leqq 1)$

　*(3)　$y=3x^2-6x+1$　$(-1\leqq x\leqq 2)$　　(4)　$y=x^2-x+1$　$(0\leqq x\leqq 3)$

□* **168** 2次関数 $y=x^2-4x+a$　$(1\leqq x\leqq 4)$ の最大値が 5 となるように，定数 a の値を定めよ。また，このときの最小値を求めよ。　教 p.89 練習 4

□*169 2次関数 $y=x^2+2x-2$ の定義域が，それぞれ次のように与えられたとき，最大値または最小値があれば，その値を求めよ。　(教) p.88 練習 3)

(1)　$-2<x\leqq0$ 　　　　　　　　　　(2)　$0<x<3$

□ 170 2次関数 $y=x^2-4x+m$ の最小値が，2次関数 $y=-x^2+2mx-6$ の最大値と一致するとき，定数 m の値を求めよ。　(教) p.87 練習 2)

□ 171 2次関数 $y=x^2-4x-3m$ $(0\leqq x\leqq3)$ の最小値が負となるように，定数 m の値の範囲を定めよ。　(教) p.88 練習 3)

□ 172 $a>0$ とする。次の2次関数の $1\leqq x\leqq4$ における最大値が 8，最小値が -4 であるとき，定数 a, b の値を求めよ。　(教) p.89 練習 4)

(1)　$y=a(x-2)^2+a+b$ 　　　　　(2)　$y=ax^2-6ax+b$

□*173 2次関数 $y=x^2-4x+1$ $(0\leqq x\leqq a)$ の最小値，最大値を，定数 a の値が次のそれぞれの場合について求めよ。　(教) p.90 練習 5)

最小値　(ア)　$0<a<2$ 　　　(イ)　$2\leqq a$

最大値　(ウ)　$0<a<4$ 　　　(エ)　$a=4$ 　　　(オ)　$4<a$

□ 174 a を正の定数とする。2次関数 $y=-x^2+4x-3$ $(0\leqq x\leqq a)$ について，次の問いに答えよ。

(1)　最大値を求めよ。　　　　　　　(2)　最小値を求めよ。　(教) p.90 練習 5

□*175 2次関数 $y=(x-a)^2+2$ $(0\leqq x\leqq4)$ の最大値を，定数 a の値が次のそれぞれの場合について求めよ。　(教) p.91 練習 6)

(1)　$0\leqq a\leqq1$ 　　　　　　　　　(2)　$a=5$

□ 176 2次関数 $y=-x^2+2ax+1$ $(0\leqq x\leqq4)$ について，次の問いに答えよ。　(教) p.91 練習 6

(1)　最大値を求めよ。　　　　　　　(2)　最小値を求めよ。

3

2節　2次関数の値の変化

□ **177** 右の図のように，斜辺の長さが 4 の直角二等辺三角形 ABC に，頂点 D，E が斜辺上にある長方形 DEFG が内接している。この長方形の面積の最大値を求めよ。　㉟p.92 練習7

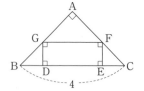

C

例題 18

a は定数とする。2 次関数 $y=x^2-4x+3$ $(a≦x≦a+1)$ の最小値を求めよ。

⟨考え方⟩ $a≦x≦a+1$ で表される定義域は，1（一定）の幅で動くので，グラフの軸の位置に注意して場合分けする。

解答 $y=(x-2)^2-1$ と変形できるので，この関数のグラフは，
頂点が点 $(2, -1)$，軸が直線 $x=2$ の下に凸の放物線である。
また，$x=a$，$a+1$ のときの関数の値はそれぞれ
$$f(a)=a^2-4a+3$$
$$f(a+1)=(a+1)^2-4(a+1)+3=a^2-2a$$

(i) $a+1<2$ すなわち $a<1$ のとき
　　$x=a+1$ で最小値 a^2-2a

(ii) $a≦2≦a+1$ すなわち $1≦a≦2$ のとき
　　$x=2$ で最小値 -1

(iii) $2<a$ のとき
　　$x=a$ で最小値 a^2-4a+3

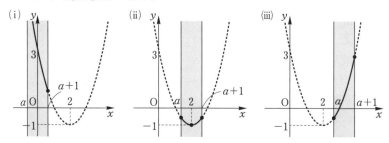

(i)，(ii)，(iii)より　　$a<1$　　のとき　$x=a+1$ で最小値 a^2-2a
　　　　　　　　　　　$1≦a≦2$ のとき　$x=2$　　　で最小値 -1
　　　　　　　　　　　$2<a$　　のとき　$x=a$　　で最小値 a^2-4a+3　**答**

□ **178** a は定数とする。2 次関数 $y=x^2-2x+2$ $(a≦x≦a+1)$ について，次の問いに答えよ。
　(1) 最小値を求めよ。　　　　　　(2) 最大値を求めよ。

□ **179** a は定数とする。2 次関数 $y=-x^2-2x+4$ $(a-1≦x≦a+1)$ の最大値と最小値を求めよ。

例題 19

x, y が $3x+y=12$ を満たしながら変化するとき，次の問いに答えよ。

(1) xy の最大値を求めよ。

(2) $x\geqq0$, $y\geqq0$ のとき，xy の最大値，最小値を求めよ。

〈考え方〉条件式から xy を x または y だけの式に変形する。また，$xy=z$ とおく。

解答

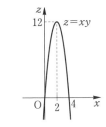

(1) $3x+y=12$ より $y=-3x+12$ ……①

このとき，
$$\begin{aligned}z&=xy\\&=x(-3x+12)\\&=-3(x^2-4x)\\&=-3(x-2)^2+12\end{aligned}$$

よって，z は $x=2$ のとき最大となる。

①より，$x=2$ のとき $y=-3\cdot2+12=6$

ゆえに，$z=xy$ は

$x=2$, $y=6$ のとき最大値 **12** をとる。　**答**

(2) $y\geqq0$ より，$-3x+12\geqq0$ であるから $x\leqq4$

これと，$x\geqq0$ より $0\leqq x\leqq4$ ……②

②の範囲において，xy は $x=2$ のとき最大，

$x=0$，4 のとき最小となる。

①より　$x=2$ のとき　$y=-3\cdot2+12=6$

$x=0$ のとき　$y=-3\cdot0+12=12$

$x=4$ のとき　$y=-3\cdot4+12=0$

以上より，$x=2$，$y=6$ のとき最大値 **12**

$x=0$，$y=12$ または $x=4$，$y=0$ のとき最小値 **0**　**答**

□ **180** x, y が $2x+y=1$ を満たしながら変化するとき，xy の最大値を求めよ。

□ **181** $x\geqq0$, $y\geqq0$, $x+y=1$ のとき，xy の最大値，最小値を求めよ。

□ **182** $x\geqq0$, $y\geqq-1$, $x+y=1$ のとき，x^2+2y^2 の最大値，最小値を求めよ。

□ **183** 2次関数 $y=x^2-2kx+k$ の最小値を m とする。

(1) m を k で表せ。

(2) k が変化するとき，m の最大値とそのときの k の値を求めよ。

3 2節 2次関数の値の変化

2　2次関数の決定

敎 p.93〜95

① **頂点や軸に関する条件が与えられたとき**

方程式を　$y=a(x-p)^2+q$　とおいて，頂点 (p, q) や軸 $x=p$ について考える。

② **3点が与えられたとき**

方程式を　$y=ax^2+bx+c$　とおいて，連立方程式を解く。

A

□ **184**　グラフが次の条件を満たす2次関数を求めよ。　　敎 p.93 練習 8

*(1)　頂点が点$(1, 3)$で，点$(-1, 7)$を通る。

(2)　頂点が点$(-1, 0)$で，点$(1, 2)$を通る。

*(3)　軸が直線 $x=3$ で，2点$(1, 1)$，$(2, -5)$を通る。

□ **185**　次の連立3元1次方程式を解け。　　敎 p.95 練習 9

*(1)　$\begin{cases} a+b+c=6 \\ 4a+2b+c=11 \\ 9a+3b+c=18 \end{cases}$　　(2)　$\begin{cases} a+b+c=2 \\ a-b+c=10 \\ 16a+4b+c=5 \end{cases}$　　(3)　$\begin{cases} x+y=3 \\ 2x-3y-z=4 \\ 3x+2y+5z=-7 \end{cases}$

□ **186**　2次関数のグラフが次の3点を通るとき，その2次関数を求めよ。　敎 p.95 練習 10

(1)　$(0, 0)$，$(1, 3)$，$(2, 2)$

(2)　$(1, 3)$，$(-1, -1)$，$(2, 8)$

*(3)　$(-1, -2)$，$(2, 1)$，$(3, -2)$

B

□ **187**　次の条件を満たすように，定数 a, b の値を定めよ。　　(敎) p.93 練習 8)

*(1)　2次関数 $y=ax^2+bx+3$ のグラフが2点$(1, 6)$，$(2, 5)$を通る。

*(2)　2次関数 $y=x^2-2ax+b$ のグラフの頂点が点$(3, -1)$である。

(3)　2次関数 $y=x^2+ax+b$ のグラフの軸が直線 $x=-2$ で，点$(2, -3)$を通る。

□ **188**　次の放物線をグラフとする2次関数を求めよ。　　(敎) p.93 練習 8)

(1) 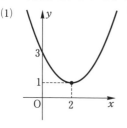　　*(2) 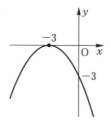　　(3)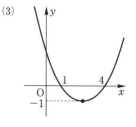

189 次の条件を満たす2次関数をそれぞれ求めよ。

(1) 放物線 $y=x^2$ を平行移動した曲線をグラフとし，$x=1$ で最小値2をとる。

(2) グラフが放物線 $y=-x^2$ を平行移動した曲線で，放物線 $y=2x^2-2x$ と頂点が一致する。

(3) グラフが放物線 $y=x^2$ を平行移動した曲線で，点$(-2,\ 10)$ を通り，頂点の x 座標と y 座標が等しい。

(4) グラフが放物線 $y=2x^2$ を平行移動した曲線で，2点$(1,\ -1)$，$(-2,\ 2)$ を通る。

例題 20

放物線 $y=x^2+ax+b$ は，点$(2,\ 9)$ を通り，頂点が直線 $y=2x-3$ 上にある。
このとき，定数 a，b の値を求めよ。

⟨考え方⟩ 頂点が直線 $y=2x-3$ 上にあるから，頂点の座標は $(p,\ 2p-3)$ とおける。

解答 放物線 $y=x^2+ax+b$ の頂点の座標は $(p,\ 2p-3)$ とおけるから，方程式は

$$y=(x-p)^2+2p-3 \quad \cdots\cdots①$$

と表せる。

ここで，放物線①が点$(2,\ 9)$ を通るから，

①に $x=2$，$y=9$ を代入して

$$9=(2-p)^2+2p-3$$

整理して $p^2-2p-8=0$

$$(p+2)(p-4)=0$$

ゆえに $p=-2,\ 4$

①より $p=-2$ のとき $y=(x+2)^2-7$ すなわち $y=x^2+4x-3$

$p=4$ のとき $y=(x-4)^2+5$ すなわち $y=x^2-8x+21$

よって $a=4,\ b=-3$ または $a=-8,\ b=21$ 答

190 放物線 $y=2x^2+ax+b$ は，点$(1,\ 1)$ を通り，頂点が直線 $y=4x-3$ 上にある。
このとき，定数 a，b の値を求めよ。

191 右の(1)，(2)の放物線はいずれも2点$(1,\ 1)$，$(5,\ 9)$ を通り，x 軸に接している。
このとき，(1)，(2)の方程式をそれぞれ求めよ。

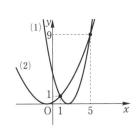

3節 2次方程式と2次不等式

① **2次方程式**　② **2次方程式の解の公式**

2次方程式 $ax^2+bx+c=0$ の解の求め方

・左辺が因数分解できるときには，「$AB=0 \Longleftrightarrow A=0$ または $B=0$」を利用する。

・解の公式　$b^2-4ac \geqq 0$ のとき　$x=\dfrac{-b\pm\sqrt{b^2-4ac}}{2a}$

とくに $b=2b'$ のとき　$x=\dfrac{-b'\pm\sqrt{b'^2-ac}}{a}$

③ **2次方程式の実数解の個数**

2次方程式 $ax^2+bx+c=0$ において

b^2-4ac を2次方程式の判別式といい，記号 D で表す。

$\left(b=2b'\ \text{のときは}\ \dfrac{D}{4}=b'^2-ac\ \text{を用いてもよい。}\right)$

2次方程式の解と判別式 D の符号について，次のことが成り立つ。

(1) $D>0 \Longleftrightarrow$ 異なる2つの実数解をもつ

(2) $D=0 \Longleftrightarrow$ ただ1つの実数解（重解）をもつ

(3) $D<0 \Longleftrightarrow$ 実数解をもたない

(1), (2)より　2次方程式 $ax^2+bx+c=0$ が実数解をもつ $\Longleftrightarrow D \geqq 0$

A

□ **192** 次の2次方程式を解け。　⑧p.97 練習1

*(1) $x^2-4x-5=0$ 　　*(2) $2x^2=4x$

(3) $-x^2+6x-9=0$ 　　(4) $6x^2+7x-3=0$

□ **193** 次の2次方程式を解け。　⑧p.98 練習2

*(1) $x^2+x-3=0$ 　　(2) $x^2+4x-1=0$

*(3) $2x^2+4x+1=0$ 　　(4) $-4x^2+16x-7=0$

□ **194** 次の2次方程式の実数解の個数を求めよ。　⑧p.100 練習3

*(1) $x^2+2x-5=0$ 　　(2) $x^2-x+3=0$

*(3) $\dfrac{1}{4}x^2-x+1=0$ 　　*(4) $3x^2-6x+5=0$

□ *195 2次方程式 $x^2+6x+m-1=0$ が実数解をもつとき，定数 m の値の範囲を求めよ。

⑧p.101 練習4

□ ***196** 2次方程式 $2x^2+2mx+3m-4=0$ が重解をもつように，定数 m の値を定めよ。また，そのときの重解を求めよ。 ㊙ p.101 練習 5

◀━━━━━ B ━━━━━▶

□ **197** 次の2次方程式を解け。 (㊙ p.97 練習 1)

(1) $2x^2-\sqrt{2}x-2=0$

(2) $\dfrac{1}{4}x^2+\dfrac{1}{6}x-\dfrac{2}{3}=0$

(3) $3(x+1)^2-4(x+1)-4=0$

(4) $x^2+(\sqrt{2}+1)x+\sqrt{2}=0$

□ **198** 2次方程式 $x^2+x+m+1=0$ について，次の問いに答えよ。 (㊙ p.101 練習 4, 5)

*(1) 異なる2つの実数解をもつとき，定数 m の値の範囲を求めよ。

(2) 重解をもつように，定数 m の値を定めよ。また，そのときの重解を求めよ。

*(3) 実数解をもたないとき，定数 m の値の範囲を求めよ。

◀━━━━━ C ━━━━━▶

□ **199** m は定数とする。方程式 $2mx^2-(2m+1)x+1=0$ について，次の問いに答えよ。

(1) すべての実数 m について実数解をもつことを示せ。

(2) ただ1つの実数解をもつときの m の値とそのときの実数解を求めよ。

例題 21

2つの2次方程式 $x^2-x+m=0$, $x^2-3x+2m=0$ が共通な解をもつとき，定数 m の値を求めよ。また，そのときの共通な解を求めよ。

〈考え方〉共通な解を α として，α と m の連立方程式を作る。

解答 共通な解を α とすると $\begin{cases} \alpha^2-\alpha+m=0 & \cdots\cdots① \\ \alpha^2-3\alpha+2m=0 & \cdots\cdots② \end{cases}$

②－①より $-2\alpha+m=0$

すなわち $m=2\alpha$ $\cdots\cdots③$

③を①に代入して $\alpha^2-\alpha+2\alpha=0$ $\alpha(\alpha+1)=0$

よって $\alpha=0$ または $\alpha=-1$

③から m の値は $\alpha=0$ のとき $m=0$

$\alpha=-1$ のとき $m=-2$

ゆえに $m=0$ のとき 共通な解は $x=0$，

$m=-2$ のとき 共通な解は $x=-1$ **答**

□ **200** 2つの2次方程式 $x^2+3x+2m=0$, $x^2+4x+3m=0$ が共通な解をもつとき，定数 m の値を求めよ。また，そのときの共通な解を求めよ。

2 **2次関数のグラフと2次方程式** 敎 p.102〜106

1 **2次関数のグラフと x 軸の位置関係**

2次関数 $y=ax^2+bx+c$ のグラフと x 軸の共有点の x 座標

$\Longleftrightarrow$ 2次方程式 $ax^2+bx+c=0$ の実数解

2次方程式の解と2次関数のグラフ

判別式 D の符号	$D>0$	$D=0$	$D<0$
$ax^2+bx+c=0$ の実数解	異なる2つの 実数解 $x=\alpha,\ \beta$	1つの実数解 （重解） $x=\alpha$	実数解はない
x 軸との 共有点の個数	2個	1個	0個
$y=ax^2+bx+c$ のグラフ （$a>0$ のとき）	$(\alpha<\beta)$ α β x	$(\alpha=\beta)$ α 接点 x	 x

2 **グラフが x 軸と2点で交わる2次関数**

グラフが x 軸と2点 $(\alpha,\ 0)$, $(\beta,\ 0)$ で交わる2次関数は $y=a(x-\alpha)(x-\beta)$

A

□**201** 次の2次関数のグラフと x 軸の共有点の座標を求めよ。 敎 p.103 練習6

*(1) $y=x^2-6x-7$ *(2) $y=2x^2-3x-4$

(3) $y=-x^2+8x-16$ (4) $y=-4(x-1)^2+1$

□**202** 次の2次関数のグラフが x 軸と共有点をもたないことを示せ。 敎 p.103 練習7

*(1) $y=x^2-2x+3$ (2) $y=-x^2+x-2$

□**203** 次の2次関数のグラフと x 軸の共有点の個数を求めよ。 敎 p.105 練習8

(1) $y=x^2-3x-5$ *(2) $y=3x^2-x-1$

*(3) $y=\dfrac{1}{3}x^2+2x+3$ (4) $y=-2x^2+5x-10$

□**204** 次の2次関数のグラフが x 軸と接するように，定数 m の値を定めよ。また，その ときの接点の座標を求めよ。 敎 p.105 練習9

*(1) $y=x^2-4x+m$ (2) $y=-3x^2+2x+m$

□ **205** 次の2次関数のグラフと x 軸の共有点の個数は，定数 m の値によってどのように変わるか調べよ。
㉚p.106 練習10

*(1) $y=x^2-6x-3m$ 　　　　　　　(2) $y=-2x^2+3x-m$

□ **206** 2次関数のグラフが，x 軸と2点 $(-1,\ 0),\ (2,\ 0)$ で交わり，点 $(1,\ 4)$ を通るとき，この2次関数を求めよ。
㉚p.106 練習11

━━━━━━━━━━━━◆ **B** ◆━━━━━━━━━━━━

□ **207** 次の放物線と x 軸の2つの交点を A,B とする。このとき,線分 AB の長さを求めよ。
㉚p.103 練習6)

(1) $y=x^2-3x-4$ 　　　(2) $y=-x^2-x+4$ 　　　*(3) $y=x^2+4x+2$

□ **208** 2次関数 $y=x^2+3x+m$ のグラフが次の条件を満たすように，定数 m の値の範囲を定めよ。
㉚p.106 練習10)

(1) グラフが x 軸と異なる2点で交わる。

*(2) グラフが x 軸と共有点をもたない。

*(3) グラフが x 軸と共有点をもつ。

【**発展**】 **放物線と直線** ㉚p.107〜108

　放物線 $y=ax^2+bx+c$ と直線 $y=px+q$ の共有点の x 座標
　　⟺ 2次方程式 $ax^2+bx+c=px+q$ の実数解

━━━━━━━━━━━━◆ **B** ◆━━━━━━━━━━━━

□ **209** 放物線 $y=x^2-5x+7$ と次の直線の共有点の座標を求めよ。
㉚p.107 演習1

*(1) $y=-x+4$ 　　　　　　　　*(2) $y=x-2$

(3) $y=-2x+7$ 　　　　　　　(4) $y=2x-2$

□ **210** 放物線 $y=x^2-5x+7$ と直線 $y=-x+m$ の共有点の個数は，定数 m の値によってどのように変わるか調べよ。
㉚p.108 演習2

□ **211** 放物線 $y=x^2-2x+m$ について，次の問いに答えよ。
㉚p.108 演習2)

(1) 直線 $y=2x$ と接するとき，定数 m の値を求めよ。

(2) 直線 $y=-3x+2$ と共有点をもつとき，定数 m の値の範囲を求めよ。

3 2次関数のグラフと2次不等式　　教 p.109～118

☐ 1次関数のグラフと1次不等式　　② 2次関数のグラフと2次不等式

2次不等式の解（$a>0$ のとき）

$ax^2+bx+c=0$ の判別式 D の符号	$D>0$ (実数解 $x=\alpha,\ \beta$)	$D=0$ (重解 $x=\alpha$)	$D<0$
$y=ax^2+bx+c$ のグラフ	$(\alpha<\beta)$	$(\alpha=\beta)$ 接点	
$ax^2+bx+c>0$ の解	$x<\alpha,\ \beta<x$	α 以外のすべての実数	すべての実数
$ax^2+bx+c\geqq0$ の解	$x\leqq\alpha,\ \beta\leqq x$	すべての実数	すべての実数
$ax^2+bx+c<0$ の解	$\alpha<x<\beta$	解はない	解はない
$ax^2+bx+c\leqq0$ の解	$\alpha\leqq x\leqq\beta$	$x=\alpha$	解はない

③ **連立不等式**

1. 連立不等式 $A>0$, $B>0$ の解は，$A>0$ の解と $B>0$ の解の共通範囲

2. 不等式「$A<B<C$」⟺ 連立不等式「$A<B$　かつ　$B<C$」

④ **2次方程式・2次不等式と判別式 D の符号**

1. 2次方程式 $ax^2+bx+c=0$ が実数解をもつ ⟺ $D\geqq0$

2. $a\neq0$ のとき，すべての実数 x に対して　$ax^2+bx+c>0\Longleftrightarrow a>0$　かつ　$D<0$

   $a\neq0$ のとき，すべての実数 x に対して　$ax^2+bx+c\geqq0\Longleftrightarrow a>0$　かつ　$D\leqq0$

⑤ **2次関数のグラフと2次方程式の解の符号**

次の(ⅰ)～(ⅲ)の視点をもつとよい。

(ⅰ) 判別式 D の符号でグラフと x 軸との位置関係を決定（$D\geqq0$ で x 軸と共有点をもつ）

(ⅱ) 解の条件からグラフの軸の位置を決定

(ⅲ) 「$x=k$ より大きい（または小さい）解」について，$x=k$ における y 座標の正，負を考える。

☐ **212** 1次関数のグラフを利用して，次の不等式を解け。　　教 p.109 練習 12

(1) $4x+3\geqq0$　　　(2) $-x+1>0$　　　*(3) $2x-4\leqq0$

□ **213** 次の 2 次不等式を解け。 教 p.111 練習 13

*(1) $x^2-3x-10>0$ (2) $2x^2-x<0$

(3) $2x^2-5x+2\geqq0$ *(4) $x^2-16\leqq0$

(5) $2x^2-3x+1<0$ (6) $6x^2-7x-3\geqq0$

□ **214** 次の 2 次不等式を解け。 教 p.111 練習 14

*(1) $(x-2)(x+7)\geqq0$ *(2) $(2x+1)(3x+2)<0$ (3) $x(x+2)>0$

□ **215** 次の 2 次不等式を解け。 教 p.112 練習 15

*(1) $x^2-x-3<0$ (2) $x^2+1\geqq4x$ (3) $x^2-6\geqq0$

*(4) $2x^2-4x-1>0$ (5) $x^2-3x-3\leqq0$

□ **216** 次の 2 次不等式を解け。 教 p.112 練習 16

*(1) $-x^2+x+12>0$ (2) $-2x^2-x+6\leqq0$ (3) $-x^2\geqq4x$

□ **217** 次の 2 次不等式を解け。 教 p.113 練習 17

*(1) $x^2-8x+16<0$ (2) $25x^2-40x+16\geqq0$

*(3) $-x^2-4x-4<0$ (4) $4x^2\leqq12x-9$

□ **218** 次の 2 次不等式を解け。 教 p.114 練習 18

*(1) $x^2+4x+5>0$ (2) $3x^2-7x+5\geqq0$

*(3) $-2x^2+5x-4>0$ (4) $2x^2+5\leqq3(x+1)$

□ **219** 次の 2 次不等式を解け。 教 p.115 練習 19

*(1) $2x^2+4x>0$ (2) $2x^2+\dfrac{1}{3}x-\dfrac{2}{3}<0$

*(3) $2x(x-2)\leqq3$ (4) $(x-1)(x-2)+1\leqq0$

(5) $-x^2<2\sqrt{5}x+5$ *(6) $-3x^2+4x-5<0$

□ **220** 次の連立不等式を解け。 教 p.116 練習 20

*(1) $\begin{cases}x+1\geqq3x-7\\x^2<2x+15\end{cases}$ (2) $\begin{cases}2x+7>x+5\\2x^2-7x+3>0\end{cases}$

*(3) $\begin{cases}x^2-6x+5\leqq0\\x^2-7x+12\geqq0\end{cases}$ (4) $\begin{cases}2-x<x^2\\x^2+2\leqq x+5\end{cases}$

□ **221** 次の不等式を解け。 ㉔p.116 練習21

*(1) $-8<x^2-6x<16$ (2) $3x^2<x^2+4\leqq4x+1$

□ **222** 次の条件を満たすように，定数 m の値の範囲を定めよ。 ㉔p.117 練習22

*(1) 2次方程式 $x^2+2mx+m+2=0$ が実数解をもつ。

(2) 2次方程式 $4x^2-(3m+2)x+2m=0$ が異なる2つの実数解をもつ。

━━━━━━━━━◀ **B** ▶━━━━━━━━━

□ **223** 次の条件を満たすように，定数 m の値の範囲を定めよ。 ㉔p.110〜115

(1) 2次関数 $y=x^2-2mx+4m$ のグラフが x 軸と共有点をもつ。

(2) 2次関数 $y=x^2+mx-m+3$ のグラフが x 軸と共有点をもたない。

□ **224** すべての実数 x に対して，次の2次不等式が成り立つとき，定数 m の値の範囲を求めよ。 ㉔p.117 練習23

*(1) $x^2-mx+9>0$ (2) $-3x^2+mx+m\leqq0$

□ ***225** 2次方程式 $x^2-2mx+m=0$ が，異なる2つの正の解をもつとき，定数 m の値の範囲を求めよ。 ㉔p.118 練習24

□ **226** 次の2次不等式を満たす整数 x の値をすべて求めよ。 ㉔p.111〜112 練習14〜16

(1) $2x^2-7x+3\leqq0$ (2) $-6x^2-x+15>0$

(3) $x^2-4\sqrt{2}x+6<0$ (4) $4x^2-4x-17<0$

□ **227** 次の連立不等式を満たす整数 x の値をすべて求めよ。 ㉔p.116 練習20

(1) $\begin{cases}2x-1>x+1\\x^2-x-12\leqq0\end{cases}$ (2) $\begin{cases}x^2+3x-4<0\\3x^2+5x-2\geqq0\end{cases}$

(3) $\begin{cases}x^2-3x-4\leqq0\\x^2-2x-1>0\end{cases}$

□ **228** 次の2次方程式の実数解の個数を調べよ。ただし，m は実数とする。 ㉔p.110〜115

(1) $x^2-mx+1=0$ (2) $x^2+2mx-m+2=0$

□ **229** 2次不等式 $mx^2-4x+m+3\geqq0$ について，次のときの定数 m の値の範囲を求めよ。

(1) 解がすべての実数

(2) 解が存在しない

例題 22

2次不等式 $x^2-(3+a)x+3a<0$ を解け。ただし，a は定数とする。

解答 $x^2-(3+a)x+3a<0$ から $(x-a)(x-3)<0$ ◄─── a と3のどちらが大きいかで，答えの形が変わる

よって $a<3$ のとき $a<x<3$ **答**

$a=3$ のとき $(x-3)^2<0$ より **解はない** **答**

$3<a$ のとき $3<x<a$ **答**

□ **230** 次の2次不等式を解け。ただし，a は定数とする。

(1) $(x-a)(x-1)<0$

(2) $x^2-(a+2)x+2a\leqq0$

(3) $x^2+(2a-1)x-2a\geqq0$

(4) $x^2-4ax+3a^2>0$

例題 23

2次不等式 $ax^2+bx+6>0$ の解が $-2<x<3$ であるように，定数 a,b の値を定めよ。

解答 2次関数 $y=ax^2+bx+6$ が，

$-2<x<3$ において $y>0$ であればよい。

このとき，この関数のグラフが上に凸で，

x 軸と2点 $(-2,0)$，$(3,0)$ で交わるから

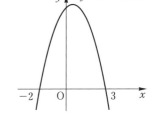

$a<0$ ……①

$4a-2b+6=0$ ……②

$9a+3b+6=0$ ……③

②，③を連立して解くと $a=-1$，$b=1$（これは①を満たす。） **答**

別解 $-2<x<3$ を解とする2次不等式の1つは $(x+2)(x-3)<0$

$x^2-x-6<0$ すなわち $-x^2+x+6>0$

これが $ax^2+bx+6>0$ と一致するから $a=-1$，$b=1$ **答**

□ **231** 2次不等式 $ax^2-6x+b>0$ について，解が次のようになるように a,b の値を定めよ。

(1) $x<1$，$5<x$

(2) $-2<x<-1$

□ **232** 2つの2次方程式 $x^2+2ax+4a=0$ ……①, $x^2+ax-2a^2+4=0$ ……②
について、次の条件を満たすように、定数 a の値の範囲を定めよ。

*(1) ①, ②がともに異なる2つの実数解をもつ。

(2) ①, ②がともに実数解をもたない。

(3) ①, ②の少なくとも一方が実数解をもつ。

(4) ①, ②のいずれか一方だけが異なる2つの実数解をもつ。

□ **233** 2つの2次関数 $y=x^2+ax+a$ と $y=x^2-2ax+2a^2-2a-3$ のグラフがいずれも x 軸と共有点をもたないとき、定数 a の値の範囲を求めよ。

例題 **24**

2次関数 $y=x^2+2ax-a+2$ のグラフが x 軸の $x>1$ の部分と異なる2点で交わるとき、定数 a の値の範囲を求めよ。

〈考え方〉 D の符号、軸の位置、$x=1$ のときの y の値を調べる。

解答
$$y=x^2+2ax-a+2=(x+a)^2-a^2-a+2$$
であるから、軸の方程式は $x=-a$

このグラフが x 軸の $x>1$ の部分と異なる2点で交わるためには、次の(i)〜(iii)が同時に成り立てばよい。

(i) x 軸と異なる2点で交わるから

2次方程式 $x^2+2ax-a+2=0$ の
判別式を D とすると $D>0$

$$\frac{D}{4}=a^2-1\cdot(-a+2)$$
$$=(a+2)(a-1)>0$$

よって $a<-2,\ 1<a$ ……①

(ii) 軸 $x=-a$ は、直線 $x=1$ より右側にあるから
$$-a>1 \quad より \quad a<-1 \quad ……②$$

(iii) $x=1$ のときの y 座標は正であるから
$$1^2+2a-a+2=a+3>0$$

よって $a>-3$ ……③

したがって、(i)〜(iii)の共通範囲を求めて
$$-3<a<-2 \quad \boxed{答}$$

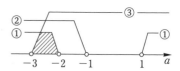

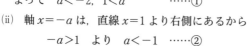
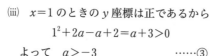
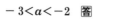

□ **234** 2次関数 $y=x^2-2(a+1)x+a+7$ のグラフが次の条件を満たすとき、定数 a の値の範囲を求めよ。

(1) x 軸の $x>1$ の部分と異なる2点で交わる。

(2) x 軸の $x<1$ の部分と $x>1$ の部分で交わる。

例題 25

立方体の縦，横の長さをそれぞれ 1 cm，2 cm だけ短くし，高さを 4 cm 長くして直方
体を作ったとき，この直方体の体積は，はじめの立方体の体積よりも小さかった。はじ
めの立方体の 1 辺の長さはどのような値の範囲であるかを求めよ。

〈考え方〉 はじめの立方体の 1 辺を x cm として，直方体の体積を x で表す。このとき，辺の長さは正の数であ
ることに注意する。

解答　立方体の 1 辺の長さを x cm とする。

直方体の縦，横，高さは，それぞれ

$(x-1)$ cm，$(x-2)$ cm，$(x+4)$ cm

である。

辺の長さは正の数であるから

$x>0$，$x-1>0$，$x-2>0$，$x+4>0$

これより　$x>2$　……①

直方体の体積が，立方体の体積より小さくなることから

$(x-1)(x-2)(x+4)<x^3$

整理して　$x^2-10x+8<0$

よって，$5-\sqrt{17}<x<5+\sqrt{17}$　……②

ゆえに，①，②の共通範囲を求めると

$2<x<5+\sqrt{17}$

したがって，はじめの立方体の 1 辺の長さは

2 cm より大きく，$(5+\sqrt{17})$ cm より小さい。　**答**

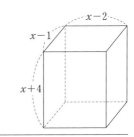

□ **235**　周の長さが 60 cm の長方形で，面積が 200 cm^2 以上のものを作るとき，縦の長さの
とりうる値の範囲を求めよ。

□ **236**　縦 8 m，横 10 m の長方形の土地がある。

この土地に右の図のような直角に交わる同じ幅の道路
を残して，花壇を作る。道路の面積を土地全体の面積
の 4 割以下にするには，道路の幅を何 m 以下にすれば
よいか。

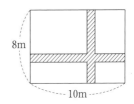

□ **237**　長さ 80 cm の針金がある。これを 2 つに切って，それぞれの針金を折り曲げて正方
形を 2 つ作る。2 つの正方形の面積の和が 232 cm^2 以上になるようにするには，針
金をどのように切ればよいか。短い方の針金の長さの範囲を求めよ。

3

3 節　2 次方程式と 2 次不等式

例題 26

a を定数とするとき，次の問いに答えよ。

(1) 2次不等式 $x^2-3ax+2a^2<0$ を解け。

(2) 2次不等式 $x^2-7x+12<0$ を満たすすべての x が，2次不等式 $x^2-3ax+2a^2<0$ を満たすように，定数 a の値の範囲を定めよ。

〈考え方〉(1) 左辺を $(x-p)(x-q)$ と因数分解し，p，q の大小で場合分けする。

(2) $x^2-7x+12<0$ の解が，$x^2-3ax+2a^2<0$ の解に含まれる場合を調べる。

解答 (1) 左辺を因数分解して，$(x-a)(x-2a)<0$ ……①

(i) $a<2a$ すなわち $\boldsymbol{a>0}$ のとき

①の解は $\boldsymbol{a<x<2a}$

(ii) $a=2a$ すなわち $\boldsymbol{a=0}$ のとき

①は $x^2<0$ となるから **解はない。**

(iii) $a>2a$ すなわち $\boldsymbol{a<0}$ のとき

①の解は $\boldsymbol{2a<x<a}$ **答**

(2) $x^2-7x+12<0$ ……②より

$$(x-3)(x-4)<0$$

よって，②の解は $3<x<4$

条件を満たすには，②の解が①の解に含まれればよい。

(i) $a>0$ のとき

$3<x<4$ が $a<x<2a$ に含まれる条件は

$a\leqq3$ かつ $4\leqq2a$

これより，$2\leqq a\leqq3$

これは，$a>0$ を満たす。

(ii) $a=0$ のとき

①の解はないから，条件を満たさない。

(iii) $a<0$ のとき

$a<0<3$ より，$3<x<4$ が $2a<x<a$ に含まれることはない。

ゆえに，(i)〜(iii)から，求める a の値の範囲は

$$2\leqq a\leqq3 \quad \text{答}$$

□**238** a を定数とするとき，次の問いに答えよ。

(1) 2次不等式 $x^2-5ax+6a^2<0$ を解け。

(2) 2次不等式 $x^2-9x+20<0$ を満たすすべての x が，2次不等式 $x^2-5ax+6a^2<0$ を満たすように，定数 a の値の範囲を定めよ。

研究 絶対値を含む関数のグラフ

教 p.119

$|a| = \begin{cases} a & (a \geqq 0) \\ -a & (a < 0) \end{cases}$ を利用する。

特に，関数 $y = |f(x)|$ のグラフは，関数 $y = f(x)$ のグラフの x 軸より下側の部分を x 軸に関して対称に折り返すことで得られる。

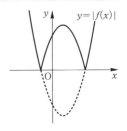

 A

□ **239** 次の関数のグラフをかけ。

教 p.119 演習 1

*(1) $y = |x - 2|$ (2) $y = |x^2 - 3x - 4|$

B

□ **240** 次の関数の値域を求めよ。

(教) p.119 演習 1)

(1) $y = |x|$ $(-1 \leqq x \leqq 3)$ *(2) $y = |x - 1| + 1$ $(-3 \leqq x \leqq 2)$

C

例題 27

次の関数のグラフをかけ。

$y = |x + 1| + |x - 2|$

解答 (i) $x < -1$ のとき

$y = -(x + 1) - (x - 2)$

すなわち $y = -2x + 1$

(ii) $-1 \leqq x < 2$ のとき

$y = (x + 1) - (x - 2)$

すなわち $y = 3$

(iii) $2 \leqq x$ のとき

$y = (x + 1) + (x - 2)$

すなわち $y = 2x - 1$

よって，グラフは右の図の実線部分である。

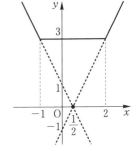

□ **241** 次の関数のグラフをかけ。

(1) $y = |x + 3| - |x - 1|$ (2) $y = x^2 - 4|x| - 5$

(3) $y = |x - 1|(x + 2)$

《 章 末 問 題 》

□ **242** 放物線 $y=2x^2+4x-3$ を，次の直線に関して対称移動して得られる放物線の方程式を求めよ。

(1) $x=1$ (2) $y=-1$

□ **243** $a<b<c,\ \alpha<\beta,\ k>0$ とする。関数 $f(x)=(x-a)(x-c)+k(x-b)$ について，次の問いに答えよ。

(1) $f(a),\ f(b),\ f(c)$ の正負を調べよ。

(2) 2次関数 $y=f(x)$ のグラフは，x 軸と異なる 2 点で交わることを示せ。

(3) $y=f(x)$ のグラフと x 軸との共有点を $(\alpha,\ 0),\ (\beta,\ 0)$ とする。$a,\ b,\ c,\ \alpha,\ \beta$ の大小関係を調べよ。

□ **244** ある品物を 1 個 60 円で売ると 1 日に 7000 個売れる。品物 1 個につき 1 円値上げするごとに 1 日の売り上げ個数は 100 個ずつ減少する。1 個いくらで売れば 1 日の売り上げ金額が最大になるか。また，そのときの売り上げ金額を求めよ。

□ **245** a を定数とする。2 つの関数 $f(x)=x^2-2x+1,\ g(x)=-2x^2-4x+a$ について，次の問いに答えよ。

(1) $-2\leqq x\leqq 2$ における $f(x)$ の最小値を求めよ。

(2) $-2\leqq x\leqq 2$ における $g(x)$ の最大値を求めよ。

(3) $-2\leqq x\leqq 2$ を満たすすべての x で $f(x)>g(x)$ となる a の値の範囲を求めよ。

(4) $-2\leqq x_1\leqq 2,\ -2\leqq x_2\leqq 2$ を満たすすべての $x_1,\ x_2$ の組について $f(x_1)>g(x_2)$ となる a の値の範囲を求めよ。

□ **246** 2 次方程式 $x^2+2mx+m^2-1=0$ の 1 つの解が -1 であるとき，定数 m の値と，そのときの他の解を求めよ。

□ **247** a を定数とするとき，次の方程式を解け。

(1) $a(x-1)+x+1=0$ (2) $ax^2-(2a+1)x+2=0$

□ **248** (1) 2 次関数 $y=x^2-2ax+3a+4$ $(0\leqq x\leqq 4)$ の最小値を求めよ。

(2) 2 次不等式 $x^2-2ax+3a+4>0$ が $0\leqq x\leqq 4$ において，つねに成り立つように定数 a の値の範囲を定めよ。

□ **249** x, y を変数とする関数 $z=x^2-4xy+5y^2-2y-1$ について, 次の問いに答えよ。

(1) z を x の関数とみなして, z の最小値 m を y で表せ。

(2) y が変化するとき, m の最小値を求めよ。

(3) z の最小値と, そのときの x, y の値を求めよ。

□ **250** 2次方程式 $x^2+ax+3=0$ の1つの解が0と1の間にあり, もう1つの解が3と5の間にあるように, 定数 a の値の範囲を定めよ。

□ **251** (1) 関数 $y=|x^2-4x|$ のグラフをかけ。

(2) グラフを利用して, 方程式 $|x^2-4x|=m$ （m は定数）の実数解の個数を調べよ。

□ **252** 2つの2次不等式 $x^2+2x-3>0$ ……① , $x^2-(a-1)x-a<0$ ……② がある。

(1) 不等式②を解け。

(2) ①, ②を同時に満たす整数 x の値が $x=2$ だけのとき, 定数 a の値の範囲を求めよ。

(3) ①, ②を同時に満たす整数 x の値が1つだけあるとき, 定数 a の値の範囲を求めよ。

Prominence

□ **253** 2次関数 $f(x)=ax^2+bx+c$ について, $y=f(x)$ の グラフが右の図で与えられているとする。次の問いに答えよ。

(1) このときの a, b, c の正負を答えよ。

(2) このグラフを x 軸方向に平行移動したとき, a, b, c のうち正負が変わる可能性があるものはどれか。

(3) このグラフを y 軸方向に平行移動したとき, a, b, c のうち正負が変わる可能性があるものはどれか。

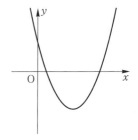

□ **254** 関数 $y=(x^2-2x)^2+4(x^2-2x)$ について, y のとりうる値の範囲を太郎さんは次のように求めた。太郎さんの解答の誤りを指摘し, 正しい y の値の範囲を求めよ。

─── **太郎さんの解答** ───

$t=x^2-2x$ とおくと, 与式は $y=t^2+4t$ と表せる。

$y=(t+2)^2-4$ と変形できるから, y は $t=-2$ のとき最小値 -4 をとる。

よって, y のとりうる値の範囲は $y\geqq-4$ である。

1節　三角比

1　三角比　　　　　　　　　　　　　　　　　　　　　　教p.124〜132

①　正弦・余弦・正接　　②　30°，45°，60° の三角比

三角比：下の図のような直角三角形 ABC において

$$\sin A = \frac{a}{c} \text{（正弦）} \qquad \cos A = \frac{b}{c} \text{（余弦）} \qquad \tan A = \frac{a}{b} \text{（正接）}$$

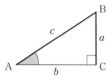 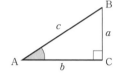 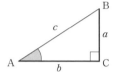

とくに，

$$\sin 30° = \frac{1}{2}, \quad \cos 30° = \frac{\sqrt{3}}{2}, \quad \tan 30° = \frac{1}{\sqrt{3}}$$

$$\sin 45° = \frac{1}{\sqrt{2}}, \quad \cos 45° = \frac{1}{\sqrt{2}}, \quad \tan 45° = 1$$

$$\sin 60° = \frac{\sqrt{3}}{2}, \quad \cos 60° = \frac{1}{2}, \quad \tan 60° = \sqrt{3}$$

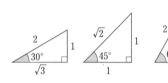

③　三角比の表　　④　三角比の利用

0° から 90° までの 1° ごとの角についての三角比の値は，巻末の表を用いて値を求めることができる。

$$a = c \sin A, \quad b = c \cos A, \quad a = b \tan A$$

を用いると，標高差や水平距離などを求めることができる。

⑤　三角比の相互関係

$$\tan A = \frac{\sin A}{\cos A}, \quad \sin^2 A + \cos^2 A = 1, \quad 1 + \tan^2 A = \frac{1}{\cos^2 A}$$

⑥　90°−A の三角比

$$\sin(90°-A) = \cos A, \quad \cos(90°-A) = \sin A, \quad \tan(90°-A) = \frac{1}{\tan A}$$

A

□**255** 下の図において，$\sin A$，$\cos A$，$\tan A$ の値をそれぞれ求めよ。　　教p.125 練習1

*(1)

(2)
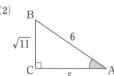

*(3)
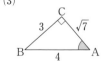

□ **256** 下の図において，sin A，cos A，tan A の値をそれぞれ求めよ。 教 p.126 練習 2

(1)

*(2)

(3)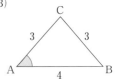

□ **257** 下の図において，x，y の値をそれぞれ求めよ。 教 p.126

(1)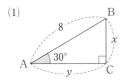

*(2)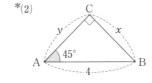

(3)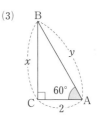

□ **258** 巻末の三角比の表を用いて，次の値を求めよ。 教 p.127 練習 3

*(1) sin 21°　　　　　(2) cos 77°　　　　　(3) tan 42°

□ **259** 巻末の三角比の表を用いて，次の式を満たす∠A の大きさを求めよ。 教 p.127 練習 4

(1) sin A = 0.8829　　*(2) cos A = 0.7771　　*(3) tan A = 1.3270

□ **260** 巻末の三角比の表を用いて，∠A のおよその大きさを求めよ。 教 p.127 練習 5

*(1)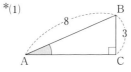

(2)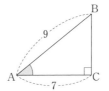

*(3)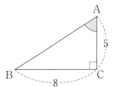

□ **261** 傾斜が 7° の上り坂を 100 m 進むと，鉛直方向には何 m 上がったことになるか。また，水平方向には何 m 進んだことになるか。それぞれ小数第 1 位まで求めよ。

教 p.128 練習 6

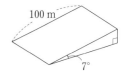

□ *262 ある木の根もとから 10 m 離れた地点に立って，木の上端を見上げたときの仰角を測ると 58° であった。目の高さを 1.6 m とするとき，木の高さを小数第 1 位まで求めよ。

教 p.129 練習 7, 8

263 $\sin A$, $\cos A$, $\tan A$ のうち，1つの値が次のように与えられたとき，他の2つの値を求めよ。ただし，$0°<A<90°$ とする。　　　㊙p.131 練習9, 10

*(1)　$\sin A=\dfrac{3}{5}$　　　　(2)　$\cos A=\dfrac{\sqrt{11}}{6}$　　　*(3)　$\tan A=2$

264 次の三角比を 45° 以下の角の三角比で表せ。　　　㊙p.132 練習11

(1)　$\sin 83°$　　　　*(2)　$\cos 51°$　　　　*(3)　$\tan 72°$

265 次の式の値を求めよ。　　　㊙p.132 練習12

(1)　$\sin 20°\cos 70°+\sin 70°\cos 20°$　　(2)　$\tan 20°\tan 70°$

B

266 $\angle A=90°$ の直角三角形 ABC において，頂点 A から対辺 BC に垂線 AD を引く。$\angle B=\theta$，$BC=a$ とするとき，次の線分の長さを a, θ を用いて表せ。　　　㊙p.128

*(1)　AC　　　(2)　AB　　　*(3)　AD

(4)　CD　　　(5)　BD

267 高さ 20 m の校舎の屋上からある鉄塔の上端と下端を見たときの仰角が 22°，俯角が 6° であった。校舎から鉄塔までの水平距離と，鉄塔の高さを小数第1位まで求めよ。　　　㊙p.129 練習7, 8

268 次の式の値を求めよ。　　　㊙p.130, p.132 練習12

*(1)　$\sin^2 25°+\sin^2 65°$

(2)　$(\sin 10°+\cos 10°)^2+(\sin 80°-\cos 80°)^2$

269 次の式の値を求めよ。ただし，$0°<A<90°$ とする。　　　㊙p.130, p.132

*(1)　$(2\sin A+\cos A)^2+(\sin A-2\cos A)^2$

(2)　$\sin^2 A+\sin^2 A\tan^2 A-\tan^2 A$

(3)　$\dfrac{1}{\tan^2(90°-A)}-\dfrac{1}{\cos^2 A}$

270 $\tan A=a$ $(0°<A<90°)$ のとき，次の式を a を用いて表せ。　　　㊙p.131 練習10

*(1)　$\cos^2 A$　　　*(2)　$\sin^2 A$　　　(3)　$\dfrac{1}{1+\sin A}+\dfrac{1}{1-\sin A}$

例題 28

地上の点 A から木の上端 P を見た仰角を測ると $30°$ であり，そこから木の方向に $10\,\mathrm{m}$ 進んだ地点 B から測った仰角が $45°$ であった。木の高さ PQ を求めよ。

〈考え方〉 直角三角形の辺の比や，有名な角の三角比を利用する。

解答 PQ$=x$(m) とする。$\triangle$BPQ は直角二等辺三角形

であるから　BQ$=$PQ$=x$

$\triangle$APQ において　$\tan 30° = \dfrac{\mathrm{PQ}}{\mathrm{AQ}} = \dfrac{x}{10+x}$

が成り立つから　$\dfrac{x}{10+x} = \dfrac{1}{\sqrt{3}}$

分母を払って　$\sqrt{3}\,x = 10+x$

整理して　$(\sqrt{3}-1)x = 10$

よって　$\mathrm{PQ}=x = \dfrac{10}{\sqrt{3}-1} = \dfrac{10(\sqrt{3}+1)}{(\sqrt{3}-1)(\sqrt{3}+1)} = \mathbf{5\sqrt{3}+5}\ \textbf{(m)}$　**答**

□ *271 右の図の $\triangle$ ABC において，AC の長さを求めよ。

□ *272 右の図のように，あるビルの高さ PQ を測るために，地上の点 Q の真南の地点 A と真東の地点 B からビルの屋上の点 P を見た仰角を測ったところ，それぞれ $30°$，$45°$ であった。A，B 間の距離が $32\,\mathrm{m}$ のとき，ビルの高さを求めよ。

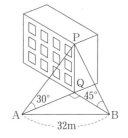

□ 273 $\triangle$ ABC において，次の等式が成り立つことを示せ。

(1) $\sin\dfrac{B+C}{2} = \cos\dfrac{A}{2}$　　　(2) $\tan\dfrac{A}{2}\tan\dfrac{B+C}{2} = 1$

ヒント **273** $A+B+C=180°$ より $B+C=180°-A$ であるから $\dfrac{B+C}{2} = \dfrac{180°-A}{2} = 90° - \dfrac{A}{2}$

2 三角比の拡張

敎 p.133〜141

1 三角比の拡張

三角比の定義　$0° \leqq \theta \leqq 180°$ のとき

$$\sin \theta = \frac{y}{r}, \quad \cos \theta = \frac{x}{r}, \quad \tan \theta = \frac{y}{x}$$

ただし，$\tan 90°$ の値は定義されない。

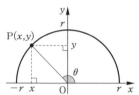

2 単位円と三角比の値

$0° \leqq \theta \leqq 180°$ のとき

$0 \leqq \sin \theta \leqq 1$，$-1 \leqq \cos \theta \leqq 1$

$\tan \theta$ はすべての実数値をとる。

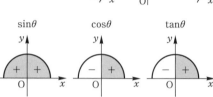

3 $180°-\theta$ の三角比

$$\sin(180°-\theta) = \sin \theta, \quad \cos(180°-\theta) = -\cos \theta, \quad \tan(180°-\theta) = -\tan \theta$$

4 正弦・余弦の値と角　 5 正接の値と角

$\sin \theta = k$　→　単位円の半円周と直線 $y=k$ との交点に着目する。

$\cos \theta = k$　→　単位円の半円周と直線 $x=k$ との交点に着目する。

$\tan \theta = m$　→　点 $A(1, 0)$ と $T(1, m)$ をとって直線 OT を引いたとき，$\angle AOT = \theta$

6 直線の傾きと正接

直線 $y=mx$ と x 軸の正の向きとのなす角を θ とすると

$$m = \tan \theta \;(0° \leqq \theta \leqq 180°, \text{ ただし } \theta \neq 90°)$$

7 三角比の相互関係

$0° \leqq \theta \leqq 180°$ のとき　$\tan \theta = \dfrac{\sin \theta}{\cos \theta}$，　$\sin^2 \theta + \cos^2 \theta = 1$，　$1 + \tan^2 \theta = \dfrac{1}{\cos^2 \theta}$

▶ A ▶

□ **274** 三角比の値を入れて次の表を完成せよ。　　敎 p.134 練習 13, 14

θ	$0°$	$90°$	$120°$	$135°$	$150°$	$180°$
$\sin \theta$						
$\cos \theta$						
$\tan \theta$						

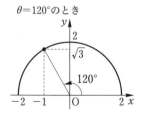

$\theta = 120°$ のとき

□ **275** $0° < \theta < 180°$ のとき，次の不等式を満たす角 θ は鋭角と鈍角のどちらか。　(敎 p.135)

*(1)　$\cos \theta > 0$　　　　(2)　$\tan \theta < 0$　　　　*(3)　$\sin \theta \cos \theta < 0$

□***276** 次の三角比を鋭角の三角比で表し，巻末の三角比の表を用いて値を求めよ。

    (1) $\sin 155°$ (2) $\cos 136°$ (3) $\tan 148°$ ㉘p.136 練習 15

□ **277** $0°≦\theta≦180°$ のとき，次の等式を満たす角 θ を求めよ。   ㉘p.137 練習 16

    *(1) $\sin \theta = \dfrac{1}{\sqrt{2}}$ *(2) $\cos \theta = -\dfrac{\sqrt{3}}{2}$

    (3) $\sin \theta = 0$ (4) $\cos \theta = -1$

□ **278** $0°≦\theta≦180°$ のとき，次の等式を満たす角 θ を求めよ。   ㉘p.138 練習 17

    (1) $\tan \theta = 1$ *(2) $\tan \theta = -\dfrac{1}{\sqrt{3}}$ (3) $\sqrt{3}\tan \theta = 3$

□ **279** 次の問いに答えよ。   ㉘p.139 練習 18

    *(1) 直線 $\sqrt{3}x+y=0$ と x 軸の正の向きとのなす角を求めよ。

    (2) 直線 $y=\dfrac{1}{2}x$ と x 軸の正の向きとのなす角はおよそ何度か。巻末の三角比の表を用いて求めよ。

□ **280** x 軸の正の向きとのなす角が $135°$ である直線の傾き m を求めよ。   ㉘p.139 練習 19

□ **281** $0°≦\theta≦180°$ とする。次の問いに答えよ。   ㉘p.141 練習 20

    *(1) $\sin \theta = \dfrac{2}{5}$ のとき，$\cos \theta$, $\tan \theta$ の値を求めよ。

    (2) $\cos \theta = \dfrac{3}{4}$ のとき，$\sin \theta$, $\tan \theta$ の値を求めよ。

    (3) $\cos \theta = -\dfrac{1}{\sqrt{17}}$ のとき，$\sin \theta$, $\tan \theta$ の値を求めよ。

□ **282** $0°≦\theta≦180°$ とする。$\tan \theta$ の値が次のように与えられたとき，$\sin \theta$, $\cos \theta$ の値を求めよ。

    *(1) $\tan \theta = \dfrac{3}{4}$ (2) $\tan \theta = -2$ ㉘p.141 練習 21

B

□ **283** 角 θ が（ ）内の範囲の角であるとき，次の三角比のとりうる値の範囲を求めよ。

    *(1) $\sin \theta$ $(0°≦\theta≦150°)$ (2) $\cos \theta$ $(60°<\theta<180°)$ ㉘p.135)

    (3) $\tan \theta$ $(135°<\theta≦180°)$

□ **284** 次の式の値を求めよ。 (教)p.136, 140)

(1) $\sin 140°\cos 130°+\sin 130°\cos 140°$

(2) $\sin 125°+\cos 145°+\tan 20°+\tan 160°$

(3) $(\cos 20°-\cos 70°)^2+(\sin 110°+\sin 160°)^2$

□ **285** $0°≦\theta≦180°$ のとき，次の等式を満たす角 θ を求めよ。 (教)p.137 練習16)

*(1) $2\sin\theta-\sqrt{3}=0$

(2) $2\cos\theta-1=0$

□ **286** 次の 2 直線のなす鋭角の大きさを求めよ。 (教)p.139 練習18, 19)

*(1) $y=x,\ y=\dfrac{1}{\sqrt{3}}x$

(2) $x-y+1=0,\ x+\sqrt{3}\,y-2=0$

◆ **C** ▶

□ **287** $\cos 40°$，$\cos 70°$，$\sin 110°$ の 3 つの値を小さい順に並べよ。

□ **288** $0°≦\theta≦180°$ のとき，次の等式を満たす角 θ を求めよ。

(1) $\sin\theta(2\sin\theta-1)=0$

*(2) $(\cos\theta+1)(2\cos\theta+1)=0$

(3) $\sin\theta\cos\theta=0$

*(4) $\tan^2\theta-1=0$

例題 29

$0°≦\theta≦180°$ のとき，次の等式を満たす角 θ を求めよ。

$$6\cos^2\theta-5\cos\theta-4=0$$

〈考え方〉 $\cos\theta=t$ とおくと，t についての 2 次方程式となる。これを解いて t の値から θ を求める。ただし，t のとり得る値の範囲に注意すること。

解答 $\cos\theta=t$ とおくと，$0°≦\theta≦180°$ より $-1≦t≦1$ ……①

このとき，与えられた方程式は $6t^2-5t-4=0$

これから $(2t+1)(3t-4)=0$ すなわち $t=-\dfrac{1}{2}$，$\dfrac{4}{3}$

①に適するのは $t=-\dfrac{1}{2}$

よって $\cos\theta=-\dfrac{1}{2}$

$0°≦\theta≦180°$ より $\boldsymbol{\theta=120°}$ 答

ヒント **287** $\sin 110°$ を cos で表し，3 つの角を単位円周上に表してみる。

□ **289** $0°≦θ≦180°$ のとき，次の等式を満たす角 $θ$ を求めよ。

*(1) $2\sin^2θ-1=0$ (2) $2\cos^2θ+3\cos θ-2=0$

□ **290** 次の等式が成り立つことを示せ。

(1) $\dfrac{\cos θ}{1+\sin θ}+\dfrac{\cos θ}{1-\sin θ}=\dfrac{2}{\cos θ}$

(2) $\tan^2θ(1-\sin^2θ)+\cos^2θ=1$

□ **291** △ABC において，次の等式が成り立つことを示せ。

*(1) $\cos(B+C)=-\cos A$

(2) $\tan A+\tan(B+C)=0$

(3) $\sin(A+B)\cos C+\cos(A+B)\sin C=0$

例題 30

$0°≦θ≦180°$ とする。$\sin θ+\cos θ=-\dfrac{1}{2}$ のとき，$\sin θ\cos θ$ の値を求めよ。

考え方 与えられた条件式の両辺を 2 乗して，$\sin^2θ+\cos^2θ=1$ を利用する。

解答 $\sin θ+\cos θ=-\dfrac{1}{2}$ の両辺を 2 乗して

$\sin^2θ+2\sin θ\cos θ+\cos^2θ=\dfrac{1}{4}$ ◀ 両辺を 2 乗すると $\sin θ\cos θ$ が現れる

$\sin^2θ+\cos^2θ=1$ より

$1+2\sin θ\cos θ=\dfrac{1}{4}$

よって $\sin θ\cos θ=-\dfrac{3}{8}$ **答**

□ **292** $0°≦θ≦180°$ とする。$\sin θ+\cos θ=\sqrt{2}$ のとき，次の式の値を求めよ。

*(1) $\sin θ\cos θ$ (2) $\tan θ+\dfrac{1}{\tan θ}$ (3) $\sin^3θ+\cos^3θ$

□ **293** $0°≦θ≦180°$ とする。$\sin θ\cos θ=-\dfrac{1}{3}$ のとき，$\sin θ-\cos θ$ の値を求めよ。

□* **294** $0°≦θ≦180°$ とする。$\sin θ-\cos θ=\dfrac{1}{2}$ のとき，次の式の値を求めよ。

(1) $\sin θ\cos θ$ (2) $\sin θ+\cos θ$ (3) $\cos θ$

ヒント **293** $0°≦θ≦180°$ のとき $\sin θ≧0$ であるから，$\sin θ\cos θ<0$ ならば $\cos θ<0$ である。

研究 **不等式を満たす角 θ の範囲** 教 p.142

単位円の半円をかき，半円上の点 P の動く範囲を考える。

□ **295** $0° \leqq \theta \leqq 180°$ のとき，次の不等式を満たす角 θ の範囲を求めよ。 教 p.142 演習 1

*(1) $\sin\theta > \dfrac{\sqrt{3}}{2}$ (2) $\cos\theta \geqq -\dfrac{1}{2}$

(3) $2\sin\theta - \sqrt{2} \leqq 0$ *(4) $\sqrt{2}\cos\theta + 1 < 0$

□ **296** $0° \leqq \theta \leqq 180°$ のとき，次の不等式を満たす角 θ の範囲を求めよ。 (教 p.142 演習 1)

(1) $\dfrac{1}{2} < \sin\theta < \dfrac{\sqrt{3}}{2}$ (2) $-\dfrac{\sqrt{3}}{2} < \cos\theta < \dfrac{1}{2}$

C

例題 **31**

$0° \leqq \theta \leqq 180°$ のとき，不等式 $\tan\theta \leqq \sqrt{3}$ を満たす角 θ の範囲を求めよ。

〈考え方〉 単位円の半円周上に点 P をとり，OP の延長と直線 $x=1$ との交点の y 座標が $\sqrt{3}$ 以下となる点 P の範囲を半円周上で考える。

解答 単位円の半円周上の点 P で，原点 O と結んだ
直線 OP と直線 $x=1$ との交点の y 座標が
$\sqrt{3}$ 以下となるのは，点が右の図の太線部分
にあるときで，求める角 θ の範囲は

$$0° \leqq \theta \leqq 60°,\quad 90° < \theta \leqq 180° \quad \boxed{答}$$

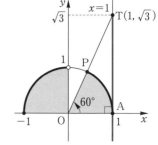

〈注意〉 第 2 象限の円周上の点と原点と結んだ延長線も，直線 $x=1$ との交点の y 座標が $\sqrt{3}$ 以下となることに注意する。なお，$\theta = 90°$ のとき $\tan\theta$ の値は定義されない。

□ **297** $0° \leqq \theta \leqq 180°$ のとき，次の不等式を満たす角 θ の範囲を求めよ。

(1) $\tan\theta < 1$ *(2) $\tan\theta \geqq -1$ (3) $\tan\theta < -\dfrac{1}{\sqrt{3}}$

□ **298** $0° \leqq \theta \leqq 180°$ のとき，次の不等式を満たす角 θ の範囲を求めよ。

(1) $2\sin^2\theta + \sin\theta - 1 < 0$ (2) $2\cos^2\theta - 5\cos\theta + 2 \geqq 0$

2節 三角比と図形の計量

1 正弦定理

△ABC の外接円の半径を R とすると

$$\frac{a}{\sin A}=\frac{b}{\sin B}=\frac{c}{\sin C}=2R$$

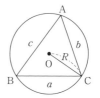

2 余弦定理　　3 三角形の辺と角の大きさ

$$
\begin{cases}
a^2=b^2+c^2-2bc\cos A \\
b^2=c^2+a^2-2ca\cos B \\
c^2=a^2+b^2-2ab\cos C
\end{cases}
\Longleftrightarrow
\begin{cases}
\cos A=\dfrac{b^2+c^2-a^2}{2bc} \\
\cos B=\dfrac{c^2+a^2-b^2}{2ca} \\
\cos C=\dfrac{a^2+b^2-c^2}{2ab}
\end{cases}
$$

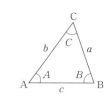

- $A<90° \Longleftrightarrow \cos A>0 \Longleftrightarrow a^2<b^2+c^2$
  $A=90° \Longleftrightarrow \cos A=0 \Longleftrightarrow a^2=b^2+c^2$
  $A>90° \Longleftrightarrow \cos A<0 \Longleftrightarrow a^2>b^2+c^2$

- 三角形の 2 辺の大小関係は，
  その辺の対角の大小関係と一致する。
  $$b>c \Longleftrightarrow B>C$$
  最大辺の対角が最大角

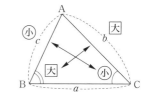

4 正弦定理・余弦定理の応用

三角形の構成要素（3辺の長さ a, b, c と，3角の大きさ A, B, C）のうち，少なくとも 1 辺を含む 3 つの要素が与えられると，残りの要素を求めることができる。ただし，$A+B+C=180°$ はつねに使える。

1. 3辺の長さ a, b, c → 余弦定理から A, B, C が求められる。
2. 2辺の長さ a, b とその間の角 C → まず，余弦定理で c を求める。
3. 1辺の長さ a と 2角の大きさ A, B → $C=180°-(A+B)$,
   　　　　　　　　　　　　　　　　　　　正弦定理で b, c が求められる。

---

299 △ABC において，外接円の半径を R とするとき，次の値を求めよ。　教 p.145 練習 1

*(1) $A=45°$, $a=4$ のとき，R

*(2) $A=120°$, $R=3$ のとき，a

(3) $A=30°$, $B=45°$, $b=4$ のとき，a および R

*(4) $B=135°$, $C=15°$, $a=\sqrt{6}$のとき，b および R

□ **300** △ABC において，次の問いに答えよ。 ㉘ p.147 練習 2
　　*(1)　$b=5$, $c=8$, $A=60°$ のとき，a を求めよ。
　　(2)　$a=2\sqrt{2}$, $c=3$, $B=45°$ のとき，b を求めよ。
　　*(3)　$a=2$, $b=\sqrt{3}$, $C=150°$ のとき，c を求めよ。

□ **301** △ABC において，次の問いに答えよ。 ㉘ p.147 練習 3
　　*(1)　$a=7$, $c=3$, $A=60°$ のとき，b を求めよ。
　　(2)　$b=2$, $c=\sqrt{2}$, $B=135°$ のとき，a を求めよ。

□ **302** △ABC において，次の問いに答えよ。 ㉘ p.148 練習 4
　　*(1)　$a=13$, $b=7$, $c=15$ のとき，A を求めよ。
　　(2)　$a=3$, $b=\sqrt{17}$, $c=2\sqrt{2}$ のとき，B を求めよ。
　　(3)　$a=1$, $b=3\sqrt{2}$, $c=5$ のとき，C を求めよ。

□ **303** 3辺の長さが次のような三角形は，鋭角三角形，直角三角形，鈍角三角形のいずれであるかを調べよ。 ㉘ p.149 練習 5
　　(1)　4, 6, 7　　　　(2)　6, 7, 10　　　　(3)　8, 15, 17

□ **304** △ABC において，次の問いに答えよ。 ㉘ p.149 練習 6
　　*(1)　$a=\sqrt{2}$, $b=\sqrt{3}-1$, $C=135°$ のとき，c, A, B を求めよ。
　　(2)　$b=2$, $c=\sqrt{3}+1$, $A=60°$ のとき，a, B, C を求めよ。

B

□ **305** △ABC において，次の問いに答えよ。 ㉘ p.150 練習 7
　　*(1)　$a=\sqrt{3}$, $b=3$, $A=30°$ のとき，B, C, c を求めよ。
　　(2)　$b=\sqrt{3}$, $c=\sqrt{2}$, $C=45°$ のとき，A, B, a を求めよ。

□ **306** △ABC において，次の問いに答えよ。ただし，R は △ABC の外接円の半径である。
　　*(1)　$a=3$, $R=3$ のとき，A を求めよ。 (㉘ p.144〜145)
　　*(2)　$b=2$, $c=\sqrt{6}$, $C=120°$ のとき，A, B を求めよ。
　　(3)　$c=\sqrt{3}R$ のとき，C を求めよ。
　　(4)　$a=4$, $B=135°$, $R=4$ のとき，A, b を求めよ。

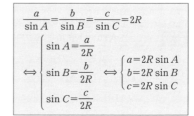

例題 32

△ABC において，$a:b:c=7:5:8$ のとき，次の問いに答えよ。

(1) $\sin A : \sin B : \sin C$ を求めよ。　　(2) A を求めよ。

〈考え方〉 (1) 正弦定理を利用する。

(2) $a=7k,\ b=5k,\ c=8k$ ($k>0$) とおき，余弦定理を利用する。

解答 (1) 正弦定理 $\dfrac{a}{\sin A}=\dfrac{b}{\sin B}=\dfrac{c}{\sin C}$ から

$$\sin A : \sin B : \sin C=a:b:c$$
$$=7:5:8 \quad \boxed{\text{答}}$$

(2) $a:b:c=7:5:8$ より，

$$a=7k,\ b=5k,\ c=8k \quad (k>0)$$

とおける。

余弦定理から

$$\cos A=\frac{b^2+c^2-a^2}{2bc}$$

$$=\frac{(5k)^2+(8k)^2-(7k)^2}{2\cdot 5k\cdot 8k}=\frac{40k^2}{80k^2}=\frac{1}{2}$$

$0°<A<180°$ より $A=60°$ $\boxed{\text{答}}$

$$\frac{a}{\sin A}=\frac{b}{\sin B}=\frac{c}{\sin C}=2R$$

$$\Longleftrightarrow \begin{cases} \sin A=\dfrac{a}{2R} \\ \sin B=\dfrac{b}{2R} \\ \sin C=\dfrac{c}{2R} \end{cases} \Longleftrightarrow \begin{cases} a=2R\sin A \\ b=2R\sin B \\ c=2R\sin C \end{cases}$$

4 2節 三角比と図形の計量

☐ **307** △ABC において，次のものを求めよ。

(1) $A:B:C=1:2:3$ のとき，$A,\ B,\ C$ および $a:b:c$

(2) $a:b:c=7:5:3$ のとき，$\sin A : \sin B : \sin C$ および A

(3) $a:b=1:\sqrt{2},\ A=30°$ のとき，$B,\ C$

☐ **308** △ABC において，$a^2=b^2+c^2+bc$ が成り立つとき，A を求めよ。

☐ **309** 右の図のような四角形 ABCD において，次の問いに答えよ。

(1) 対角線 AC の長さを求めよ。

(2) ∠ACB の大きさを求めよ。

(3) 辺 AD の長さを求めよ。

(4) ∠ADC の大きさを求めよ。

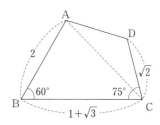

ヒント **307** (3) $a=k,\ b=\sqrt{2}k$ ($k>0$) とおく。

例題 33

右の図の △ABD に着目して，次の問いに答えよ。

(1) 正弦定理を用いて，$\sin 15°$ の値を求めよ。

(2) 余弦定理を用いて，$\cos 15°$ の値を求めよ。

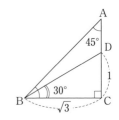

〈考え方〉 △ABD の 3 辺の長さを求め，∠ABD = 15° であることを利用する。

解答 (1) △ABC は直角二等辺三角形であるから

$$AB = \sqrt{2}\,BC = \sqrt{2} \cdot \sqrt{3} = \sqrt{6}$$

また，$AD = AC - DC = \sqrt{3} - 1$，$BD = 2$ であるから，

△ABD において正弦定理より

$$\frac{\sqrt{3}-1}{\sin 15°} = \frac{2}{\sin 45°}$$

が成り立つ。これから

$$\sin 15° = \frac{\sqrt{3}-1}{2} \cdot \sin 45° = \frac{\sqrt{3}-1}{2} \cdot \frac{\sqrt{2}}{2} = \frac{\sqrt{6}-\sqrt{2}}{4} \quad \boxed{\text{答}}$$

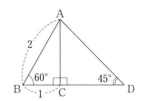

(2) △ABD において余弦定理より

$$\cos 15° = \frac{2^2 + (\sqrt{6})^2 - (\sqrt{3}-1)^2}{2 \cdot 2 \cdot \sqrt{6}} = \frac{6+2\sqrt{3}}{4\sqrt{6}} = \frac{\sqrt{6}+\sqrt{2}}{4} \quad \boxed{\text{答}}$$

☐ **310** 右の図を利用して，$\sin 75°$，$\cos 75°$ の値を求めよ。

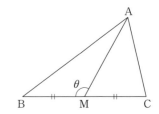

☐ **311** △ABC において，辺 BC の中点を M とするとき，
次の問いに答えよ。

(1) ∠AMB = θ とおくとき，AB^2，AC^2 をそれぞれ
AM，BM，θ を用いて表せ。

(2) (1)を利用して，次の中線定理
$$AB^2 + AC^2 = 2(AM^2 + BM^2)$$
が成り立つことを示せ。

□ **312** △ABC において，3辺の長さが $2x-1$，$3x-1$，$3x+1$ であるとき，次の問いに答えよ。

(1) △ABC が鋭角三角形になるとき，x の値の範囲を求めよ。

(2) △ABC の最大角が $120°$ となるとき，x の値を求めよ。

例題 34

△ABC において，次の等式が成り立つことを示せ。
$$\sin A \cos B + \cos A \sin B = \sin C$$

〈考え方〉正弦定理と余弦定理を利用して，両辺を '辺の関係式' で表し，等しくなることを示す。

証明 △ABC の外接円の半径を R とすると，正弦定理より
$$\sin A = \frac{a}{2R},\ \sin B = \frac{b}{2R},\ \sin C = \frac{c}{2R}$$

また，余弦定理より
$$\cos A = \frac{b^2+c^2-a^2}{2bc},\ \cos B = \frac{c^2+a^2-b^2}{2ca}$$

が成り立つ。これらの関係式から

$\sin A \cos B + \cos A \sin B$

$= \dfrac{a}{2R} \cdot \dfrac{c^2+a^2-b^2}{2ca} + \dfrac{b^2+c^2-a^2}{2bc} \cdot \dfrac{b}{2R}$

$= \dfrac{c^2+a^2-b^2}{4cR} + \dfrac{b^2+c^2-a^2}{4cR}$

$= \dfrac{2c^2}{4cR} = \dfrac{c}{2R} = \sin C$

よって $\sin A \cos B + \cos A \sin B = \sin C$ **終**

□ **313** △ABC において，次の等式が成り立つことを示せ。

(1) $(a-b)\sin C + (b-c)\sin A + (c-a)\sin B = 0$

(2) $a(b\cos C - c\cos B) = b^2 - c^2$

(3) $\dfrac{a-c\cos B}{b-c\cos A} = \dfrac{\sin B}{\sin A}$

ヒント **312** 三角形の成立条件（＊）に注意する。
（＊）3つの数 a，b，c を3辺の長さとする三角形が存在する
$\Longleftrightarrow a<b+c,\ b<c+a,\ c<a+b \Longleftrightarrow |b-c|<a<b+c$
とくに，a が最大であるときは $a<b+c$

2 平面図形の計量

教 p.151〜154

① **三角形の面積**

△ABC の面積を S とすると

$$S = \frac{1}{2}bc\sin A = \frac{1}{2}ca\sin B = \frac{1}{2}ab\sin C$$

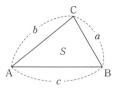

② **円に内接する四角形の面積**

対角の和が $180°$

　四角形は 2 つの三角形に分けて考える。

③ **三角形の内接円と面積**

△ABC の面積を S, 内接円の半径を r とすると

$$S = \frac{1}{2}r(a+b+c)$$

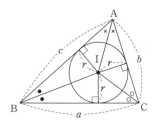

A

□ **314** 次の△ABC の面積を求めよ。　　　　　　　教 p.151 練習 8

(1) $b=4$, $c=5$, $A=30°$　　　　*(2) $a=2\sqrt{3}$, $b=3$, $C=120°$

□ **315** 次の△ABC の面積を求めよ。　　　　　　　教 p.152 練習 9

*(1) $a=7$, $b=6$, $c=3$　　　　　(2) $a=4$, $b=3$, $c=2$

□ **316*** △ABC において，AB$=3$，AC$=9$，$A=60°$ とする。∠A の二等分線と辺 BC の

交点を D とするとき，AD の長さを求めよ。　　　教 p.152 練習 10

B

□ **317*** 円に内接する四角形 ABCD において，AB$=8$，BC$=$CD$=5$，∠ABC$=60°$ のとき，

次の値を求めよ。　　　　　　　　　　　　　　教 p.153 練習 11

(1) AC および AD の長さ

(2) 四角形 ABCD の外接円の半径 R

(3) 四角形 ABCD の面積 S

□**318** $\triangle$ABC において，$a=4$，$b=5$，$c=7$ であるとき，この三角形の内接円の半径 r を求めよ。 ㊙p.154 練習12

□**319** $A=120°$，$b=5$，$c=3$ である$\triangle$ABC の面積を S，内接円の半径を r として，次の問いに答えよ。 (㊙p.154 練習12)

(1) a の値を求めよ。　　　　　　　(2) S および r の値を求めよ。

□**320** 次の四角形 ABCD の面積 S を求めよ。 (㊙p.151)

(1)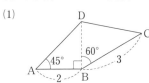

(2)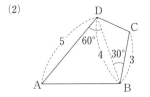

□**321** 次の条件を満たす四角形 ABCD の面積 S を求めよ。 (㊙p.151)

*(1) AB$=1$，BC$=3$，CD$=$DA$=\sqrt{2}$，$\angle$BAD$=135°$，$\angle$BCD$=45°$

(2) AB$=$BC$=2$，CD$=2\sqrt{3}$，DA$=4$，$\angle$ABC$=60°$

□**322** $\triangle$ABC において，AB$=10$，$\angle$A$=120°$，面積が $15\sqrt{3}$ であるとき，次の問いに答えよ。 $\left(\begin{array}{l}\text{㊙p.151 練習8}\\\text{p.152 練習10}\\\text{p.154 練習12}\end{array}\right)$

(1) AC，BC の長さを求めよ。

(2) $\triangle$ABC の外接円の半径 R，内接円の半径 r を求めよ。

(3) $\angle$A の二等分線と辺 BC の交点を D とするとき，AD の長さを求めよ。

□**323** 次の条件を満たす四角形 ABCD の面積 S を求めよ。

(1) AB$=4$，BC$=8$，CD$=5$，DA$=\sqrt{13}$，$\angle$ABC$=60°$

(2) AD$/\!/$BC，AB$=3$，BC$=8$，CD$=$DA$=4$

ヒント **321** (2) AB$=$BC，$\angle$ABC$=60°$ より，$\triangle$ABC は正三角形。
　　　322 (3)$\triangle$ABC$=\triangle$ABD$+\triangle$ACD であることを利用する。

（右端縦書き）**4** 2節 三角比と図形の計量

例題 35

円に内接する四角形 ABCD において，AB=3，BC=4，CD=3，DA=5 である。
∠ABC=θ，AC=x とおくとき，次の値を求めよ。

(1) $\cos\theta$，x の値 　　　(2) 四角形 ABCD の面積 S

〈考え方〉円に内接する四角形の性質から∠ADC=$180°-\theta$が成り立つ。

解答 (1) △ABC と△ACD において，余弦定理から

$$x^2=3^2+4^2-2\cdot3\cdot4\cdot\cos\theta$$
$$=25-24\cos\theta \quad\cdots\cdots①$$
$$x^2=5^2+3^2-2\cdot5\cdot3\cdot\cos(180°-\theta)$$
$$=34+30\cos\theta \quad\cdots\cdots②$$

①，②より　$25-24\cos\theta=34+30\cos\theta$

よって　$\cos\theta=-\dfrac{1}{6}$　**答**

①に代入して　$x^2=25-24\cdot\left(-\dfrac{1}{6}\right)=29$

$x>0$ より　$x=\sqrt{29}$　**答**

(2) $0°<\theta<180°$ のとき $\sin\theta>0$ であるから

$$\sin\theta=\sqrt{1-\cos^2\theta}=\sqrt{1-\left(-\dfrac{1}{6}\right)^2}=\dfrac{\sqrt{35}}{6}$$

よって　$S=△ABC+△ACD=\dfrac{1}{2}\cdot3\cdot4\cdot\sin\theta+\dfrac{1}{2}\cdot5\cdot3\cdot\sin(180°-\theta)$

$$=\dfrac{12+15}{2}\sin\theta=\dfrac{27}{2}\cdot\dfrac{\sqrt{35}}{6}=\dfrac{9\sqrt{35}}{4}$$　**答**

□ **324** 円に内接する四角形 ABCD において，AB=4，BC=5，CD=6，DA=5 である。
∠DAB=θ とするとき，次の問いに答えよ。

(1) $\cos\theta$ の値を求めよ。

(2) 対角線 BD の長さを求めよ。

(3) 四角形 ABCD の面積 S の値を求めよ。

発展 ヘロンの公式　　　　　　　　　　　　　　　　　　　　教 p.155

△ABC の 3 辺の長さを a，b，c，面積を S とすると

$$S=\sqrt{s(s-a)(s-b)(s-c)}, \quad ただし，\ s=\dfrac{1}{2}(a+b+c)$$

B

□ **325** 3 辺の長さが $a=5$，$b=6$，$c=7$ である△ABC の面積を，ヘロンの公式を用いて求めよ。

教 p.155 演習 1

3 空間図形の計量

教 p.156〜157

1 空間図形への応用

・空間図形の計量では，展開図や断面を考え，三角比を利用する。

・体積・表面積

底面積 S，高さ h の円錐・角錐の体積 V は $V=\dfrac{1}{3}Sh$

A

*326 右の図のような，AD＝1，AB＝3，AE＝4 である直方
体 ABCD－EFGH がある。次の問いに答えよ。

(1) AC，AF，FC の長さを求めよ。 教 p.156 練習 13

(2) sin ∠ACF の値を求めよ。

(3) △AFC の面積 S を求めよ。

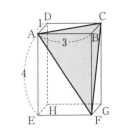

B

327 四面体 OABC において，OA＝OB＝OC＝5，
AB＝BC＝CA＝6 である。辺 AB の中点を M，頂点 O
から直線 CM に下ろした垂線を OH とする。∠OMC＝θ
とするとき，次の値を求めよ。 教 p.157 練習 14

(1) $\cos\theta$

(2) OH の長さ

(3) 正四面体 OABC の体積 V

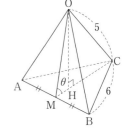

*328 1辺の長さが a の立方体 ABCD－EFGH があり，
これを3点 B，D，E を通る平面で切る。
このとき，次の問いに答えよ。 (教 p.156 練習 13)

(1) 四面体 A－BDE の体積 V を求めよ。

(2) △BDE の面積 S を求めよ。

(3) 点 A から平面 BDE におろした垂線の長さ d
を求めよ。

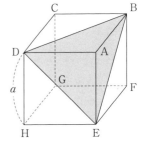

C

329 右の図のような三角錐 A−BCD がある。AD は平面 BCD に垂直であり，∠ABD=30°，∠ACD=45°，∠BCD=120°，BC=5 である。このとき，AD の長さを求めよ。

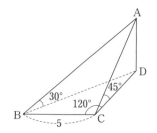

330 右の図のような
$$AB=2, \quad AD=3, \quad AE=1$$
である直方体 ABCD−EFGH がある。辺 BC 上に点 P をとり，点 A から点 P を経由して点 G まで糸を結ぶ。このとき，次の問いに答えよ。

(1) 対角線 AG の長さを求めよ。

(2) 糸の長さ AP+PG の最小値を求めよ。

(3) ∠APG=θ とする。
AP+PG が最小となるときの $\cos\theta$ の値を求めよ。

(4) AP+PG が最小となるときの△APG の面積 S を求めよ。

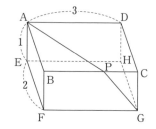

331 1 辺の長さが a の立方体 ABCD−EFGH について，次の問いに答えよ。

(1) 対角線 AG の長さを求めよ。

(2) 対角線 AG，BH の交点を O，∠BOG=θ とする。
$\cos\theta$ の値を求めよ。

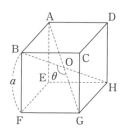

332 右の図のような 1 辺の長さが 2 の正八面体 ABCDEF において，直線 AF と平面 BCDE の交点を H とする。このとき，次の問いに答えよ。

(1) 線分 AH の長さを求めよ。

(2) 正八面体の体積 V を求めよ。

(3) BC の中点を M，∠AMF=θ とする。
$\cos\theta$ の値を求めよ。

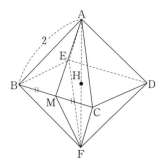

研究 曲面上での最短の長さ

教 p.159

最短距離

展開図における最短距離を考える。

━━━━━━━━━━◣ **B** ◢━━━━━━━━━━

□ **333** 右の図のような，母線の長さが 12，底面の円の半径が 5 の
直円錐がある。点 C は母線 AB 上にあり，AC$=4\sqrt{3}$ である。
いま，円錐の側面に沿って点 C から点 B まで糸で 1 回転し
て巻きつけたとき，糸の最短の長さを求めよ。

教 p.159 演習 1

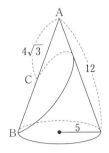

□ **334** 右の図のような，母線の長さが 6，底面の円の半径が 1 の
直円錐がある。次の問いに答えよ。　教 p.159 演習 1
   (1) 底面の円周上の点 B から円錐の側面に沿って糸で 1 回
   転して B まで巻きつけたとき，糸の最短の長さを求めよ。
   (2) 母線 AB 上の点 C から点 B まで糸で 1 回転して巻きつ
   けたとき，糸の長さが最も短くなるようにしたい。AC
   の長さをどのようにすればよいか。また，このときの糸
   の長さを求めよ。

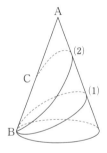

発展 三角形の形状

教 p.160

三角形の形状問題

与えられた辺と角の関係式を，正弦定理と余弦定理を用いて辺だけの関係式に直し，形状を読み
取る。

━━━━━━━━━━◣ **B** ◢━━━━━━━━━━

□ **335** △ABC において，次の等式が成り立つとき，この三角形はどのような形の三角形か。
   (1) $b \sin B = c \sin C$ 　教 p.160 演習 1
   (2) $a \cos B - b \cos A = c$
   *(3) $\cos A \sin B = \sin A \cos B$
   (4) $a \cos A = b \cos B$

《 章 末 問 題 》

☐ **336** 次の式のとりうる値の範囲を求めよ。

(1) $\sin\theta+1$ $(0°\leqq\theta\leqq180°)$ (2) $3\cos\theta-2$ $(0°\leqq\theta\leqq180°)$

(3) $\sqrt{3}\tan\theta-1$ $(0°\leqq\theta\leqq60°)$ (4) $\sqrt{2}\sin\theta+2$ $(45°\leqq\theta\leqq120°)$

☐ **337** $0°\leqq\theta\leqq180°$ のとき，次の等式を満たす角 θ を求めよ。

(1) $\sin^2\theta=\sin\theta$ (2) $\cos^2\theta=2\cos\theta$

(3) $4\sin\theta\cos\theta+2\sin\theta-2\cos\theta-1=0$ (4) $2\sin^2\theta-\cos\theta-1=0$

☐ **338** $0°\leqq\theta\leqq180°$ のとき，次の不等式を満たす角 θ の範囲を求めよ。

(1) $\begin{cases} \sin\theta\geqq\dfrac{\sqrt{2}}{2} \\ \cos\theta\leqq-\dfrac{1}{2} \end{cases}$ (2) $\begin{cases} 2\sin\theta-\sqrt{3}\leqq0 \\ \tan\theta-1<0 \end{cases}$

(3) $(2\sin\theta-1)(2\cos\theta-\sqrt{3})<0$ (4) $\sin^2\theta+\cos\theta-1\leqq0$

☐ **339** $0°\leqq\theta\leqq180°$ のとき，関数 $y=\cos^2\theta-\cos\theta$ について，次の問いに答えよ。

(1) $\cos\theta=t$ とおくとき，t のとりうる値の範囲を求めよ。

(2) y を t の式 $f(t)$ で表し，$y=f(t)$ のグラフをかけ。また，y の最大値と最小値を答えよ。

(3) y が最大値，最小値をとるときの θ の値をそれぞれ θ_1，θ_2 とする。θ_1，θ_2 を求めよ。

☐ **340** $\sin\theta=t$ …… ① を満たす θ の個数について，次の問いに答えよ。

(1) $0°\leqq\theta\leqq180°$ のとき，①を満たす θ の個数が 2 個となるように，t の値の範囲を定めよ。

(2) $0°\leqq\theta\leqq150°$ のとき，①を満たす θ の個数が 1 個となるように，t の値の範囲を定めよ。

(3) $30°\leqq\theta\leqq120°$ のとき，①を満たす θ の個数は t の値によって，どのように変わるか調べよ。ただし，$t\geqq0$ とする。

☐ **341** $\triangle$ABC の外接円の半径を R，面積を S とするとき，次の等式が成り立つことを証明せよ。

(1) $S=\dfrac{abc}{4R}$ (2) $S=\dfrac{a^2\sin B\sin C}{2\sin(B+C)}$

□ **342** AB＝5，BC＝4，CA＝7 の△ABC において，次の問いに答えよ。

(1) $\sin B$ の値と△ABC の外接円の半径 R を求めよ。

(2) 外接円上に点 D をとり，四角形 ABCD の面積が最大になるようにする。その ときの面積の最大値 S と辺 AD の長さを求めよ。

□ **343** 円に内接する四角形 ABCD において，AB＝1，BC＝CD＝a，DA＝5，$\cos\angle\mathrm{BAD}=-\dfrac{1}{7}$ とし，対角線 AC と BD の交点を E とする。このとき，次の値を求めよ。

(1) BD の長さ　　　　　　　(2) a の値

(3) 四角形 ABCD の面積 S　(4) AE：EC

□ **344** 1辺の長さが 1 の正五角形 ABCDE において，対角線 AC と BE の交点を F とする。 AC＝x とするとき，次の問いに答えよ。

(1) △AFB∽△ABC であることに注目して，AF の長 さを x を用いて表せ。

(2) AC の長さを求めよ。

(3) $\cos 36°$ の値を求めよ。

(4) $\cos 72°$，$\sin 18°$ の値を求めよ。

□ **345** 1辺の長さが 2 の正四面体 ABCD がある。次の値を求め よ。

(1) 正四面体 ABCD に内接する球の半径 r

(2) 正四面体 ABCD に外接する球の半径 R

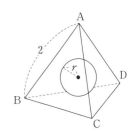

Prominence

□ **346** 半径が 1 の円 C に内接する正 n 角形の面積を S_n （$n=3$，4，5，…）と表すとき， 次の問いに答えよ。（(3)では電卓を用いてよい。）

(1) 円 C に内接する正三角形の面積 S_3，正方形の面積 S_4 をそれぞれ求めよ。

(2) S_n を n の式で表せ。

(3) 右の表を用いて，S_{120}，S_{360} の値を求めよ。

(4) n が大きくなるに従って，S_n の値はどのように なると考えられるか。

$\sin 1°$	0.01745
$\sin 2°$	0.03490
$\sin 3°$	0.05234
$\sin 4°$	0.06976
$\sin 5°$	0.08716

1節 データの分析

1 度数分布表とヒストグラム

教 p.164〜165

① **度数分布表**

適当な幅の区間を設定し，各区間に属するデータの個数を整理した表。
区間を 階級，区間の幅を 階級の幅，各階級の区間の中央の値を 階級値，
各階級に含まれるデータの個数を 度数 という。

② **ヒストグラム**

度数分布表において，階級の幅を底辺，度数を高さとする長方形を順々にかいて度数の分布を表したもの。

③ **相対度数**

度数分布表において，各階級の度数を度数の合計で割った値。

A

□ *347 次のデータは，あるクラスの生徒 20 人の垂直跳びの記録である。下の問いに答えよ。

　　　37　41　54　46　43　47　50　47　39　50
　　　44　42　33　58　46　41　47　35　53　48　　（cm）

教 p.165 練習 1

(1) 下の表は 30 cm 以上 35 cm 未満を階級の 1 つとした度数分布表である。空欄を
すべて埋めよ。

(2) (1)の度数分布表の階級の幅を求めよ。

(3) 45 cm 以上 50 cm 未満の階級の相対度数と，50 cm 以上 55 cm 未満の階級の相
対度数をそれぞれ求めよ。

(4) 下のグラフは(1)の度数分布表から作成した，ヒストグラムの一部である。この
ヒストグラムを完成させよ。

階級（cm） 以上〜未満	階級値 （cm）	度数 （人）
30 〜 35		
〜		
〜		
〜		
〜		
〜		
合計		

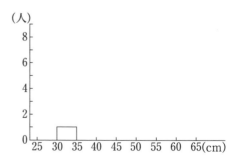

2 　**代表値**　　　　　　　　　　　　　　　　　　　　　　　　㉟p.166〜167

① **平均値**

変量の値の総和を変量の値の個数で割ったもの。

$$\bar{x} = \frac{1}{n}(x_1 + x_2 + \cdots\cdots + x_n)$$

度数分布表でデータが与えられているときは，各階級に入るデータの
値は，すべてそれらの階級の階級値と等しいものと考えて求める。

$$\bar{x} = \frac{1}{n}(x_1 f_1 + x_2 f_2 + \cdots\cdots + x_k f_k)$$

階級値 x	度数 f
x_1	f_1
x_2	f_2
$\vdots$	$\vdots$
x_k	f_k
計	n

② **中央値（メジアン）**

データの値を小さい順に並べたとき，中央の位置にくる値。データの個数が偶数個のときは，
中央に並ぶ2つの値の平均値を中央値とする。

③ **最頻値（モード）**

データの中で最も多く現れている値。度数分布表では，度数が最も大きい階級の階級値を最頻
値とする。

◆**A**◆

□***348** (1)　次の度数分布表は，生徒20人の数学と英語の小テストの採点結果である。数学，
英語の平均値をそれぞれ求めよ。　　　　　　　　　　　　㉟p.166 練習 2

得　　　点（点）	0^{以上}〜10^{未満}	10〜20	20〜30	30〜40	40〜50	計
数学の人数（人）	3	4	6	5	2	20
英語の人数（人）	2	3	5	6	4	20

(2)　(1)の生徒20人について，実際の数学の得点は以下のとおりであった。

　　　3　7　9　10　11　12　18　20　20　22

　　24　26　29　30　31　35　35　37　43　48

実際のデータから得られる，数学の平均値を求めよ。

□***349**　次のデータの平均値，中央値，最頻値を求めよ。　　　㉟p.166〜167 練習 2〜4

(1)　6　5　8　5　9　3　7　6　5

(2)　4　3　7　4　8　7　6　2　4　7

□**350**　次の度数分布表は，A高校，B高校それぞれの野球部員の身長を測定した結果である。
各高校の野球部員の身長の最頻値を求めよ。　　　　　　　㉟p.167 練習 4

身長（cm）	160^{以上}〜165^{未満}	165〜170	170〜175	175〜180	180〜185	計
A高校（人）	1	4	8	7	5	25
B高校（人）	1	5	7	9	3	25

```
◀━━━━━━━━ B ━━━━━━━━▶
```

□ **351** あるクラスの生徒 40 人のうち, 男子生徒は 15 人, 女子生徒は 25 人である。通学に
かかる時間を調べたところ, 男子生徒全体の平均値は 40 分, 女子生徒全体の平均値
は 32 分であった。このとき, 40 人全体の平均値を求めよ。 (教)p.166)

```
◀━━━━━━━━ C ━━━━━━━━▶
```

例題 36

次の表は, 生徒 15 人がゲームをしたときの得点と人数をまとめたものである。平均値
が 2.6 点のとき, x, y の値を求めよ。

得点	0	1	2	3	4	5	計
人数	1	2	x	4	y	1	15

〈考え方〉 平均値と変量の値の個数によって, 変量の総和がわかる。

解答 人数に着目して $1+2+x+4+y+1=15$

よって $x+y=7$ ……①

平均値が 2.6 点であるから, 得点の総和に着目して

$$0\times1+1\times2+2x+3\times4+4y+5\times1=2.6\times15$$
$$2+2x+12+4y+5=39$$
$$x+2y=10 \quad\cdots\cdots②$$

①, ②を解いて $x=4$, $y=3$ **答**

$$\bar{x}=\frac{1}{n}(x_1+x_2+\cdots\cdots+x_n) \text{ より,}$$
$$x_1+x_2+\cdots\cdots+x_n=n\bar{x}$$

□ **352** 右の表は, 電車通学している生徒 30 人について,
片道で乗り換える回数をまとめたものである。
平均値が 1.8 回のとき, x, y の値を求めよ。

回数	0	1	2	3	計
人数	4	x	10	y	30

□ **353** 次の度数分布表は, 生徒 20 人の数学のテストの得点をまとめたものである。

得点(点)	0以上～20未満	20～40	40～60	60～80	80～100	計
人数(人)	2	x	5	6	y	20

次の問いに答えよ。

(1) 表から得られる平均値が 54 点のとき, x, y の値を求めよ。

(2) 表から得られる中央値が 50 点のとき, x のとりうる値を求めよ。

(3) 表から得られる最頻値が 70 点のみのとき, x のとりうる値を求めよ。

3 四分位数と四分位範囲

教 p.168〜169

1 **範囲**

データの最大値と最小値の差。

2 **四分位数** 3 **四分位範囲** 4 **箱ひげ図**

データの値を小さい順に並べて四分位数を求め，下の図（箱ひげ図）のように表す。

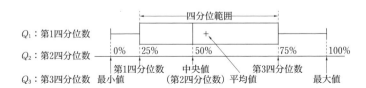

Q_1：第1四分位数
Q_2：第2四分位数
Q_3：第3四分位数

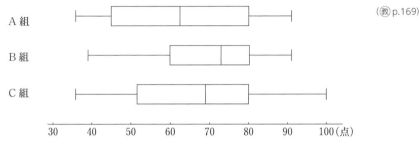

□ **354** 次のデータの範囲を求めよ。 教 p.168 練習 5

39　25　16　28　40　35　17　42　14　28　41　15

□ *355 次のデータの四分位数 Q_1，Q_2，Q_3 をそれぞれ求めよ。 教 p.168 練習 6

(1) 10　13　18　20　24　31　34　35　39　41　43　45　46　49　50

(2) 20　24　27　29　31　34　35　35　37　38　38　39　41　47　54　55

□ *356 右の表は，生徒 40 人がゲームをした
ときの得点と人数をまとめたもので
ある。

得点	0	2	4	6	8	10	計
人数	3	5	9	13	8	2	40

表から得られる平均値，最頻値，四分位数 Q_1，Q_2，Q_3，最大値，最小値を求め，
箱ひげ図をかけ。 教 p.169 練習 7

□ **357** 次の箱ひげ図は A 組，B 組，C 組の英語のテストの得点を表したものである。

A 組

（教 p.169）

B 組

C 組

30　40　50　60　70　80　90　100（点）

(1) 3 クラスを，中央値が大きいものから順に並べよ。

(2) 3 クラスを，範囲が大きいものから順に並べよ。

(3) 3 クラスを，四分位範囲が大きいものから順に並べよ。

例題 37

右の箱ひげ図は，あるクラスの 35 人
の生徒について，平日の 1 日の学習時
間を調査した結果である。この図から

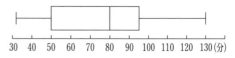

読み取れることとして，次の(1), (2)は正しいといえるか。

(1) 学習時間が 80 分以上の生徒は 18 人以上である。

(2) 学習時間が 50 分以下の生徒はちょうど 9 人である。

(考え方) 第 1 四分位数，第 2 四分位数，第 3 四分位数がそれぞれデータを小さい順に並べたときの何番目かを
考える。

解答 (1) 第 2 四分位数は大きい方から 18 番目のデータであり，その値は 80 分である。
したがって，**正しい。** 　**答**

(2) 第 1 四分位数は小さい方から 9 番目のデータであり，9 番目は 50 分であるが，
10 〜 17 番目も 50 分である可能性がある。したがって，ちょうど 9 人が 50 分以下
であるとは限らない。よって，**正しいとはいえない。** 　**答**

□*358 右の箱ひげ図は，ある高校の 1 年生 200 人が受験した数学と英語のテストの得点の
結果である。この図から読み取れることとして，次の①〜⑤より正しいものをすべ
て選べ。

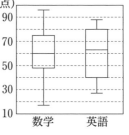

① 英語より数学の方が四分位範囲は大きい。

② 英語の得点が 60 点以上である生徒は 100 人未満であ
る。

③ 数学の得点が 50 点以下である生徒は 50 人以上いる。

④ 80 点以上の人数は英語より数学の方が少ない。

⑤ 英語の得点が 40 点以上の人は 150 人以上いる。

□359 右の箱ひげ図に対応するヒストグラムとして適当
なものはどれか。次の A 〜 C の中から選べ。

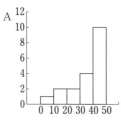

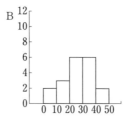

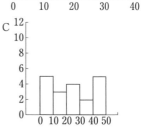

4 外れ値

教 p.170〜171

・外れ値：データの中にある，多くの値から極端にかけ離れた値。外れ値を見つける目安の定め方
として，次のようなものがある。

四分位範囲を R とするとき，以下を外れ値とみなす

$Q_1-1.5R$ より小さい値　および　$Q_3+1.5R$ より大きい値

・異常値：調査の過程に不手際のあったデータ。不手際のない他の値と近い結果が得られることも
あるので，異常値であっても外れ値であるとは限らない。

```
━━━━━━━━━━◆A◆━━━━━━━━━━
```

□*360 次のデータは，ある路線バスの始点から終点までかかる時間を 13 日間調べたもので
ある。

46　41　46　56　44　44　48　45　44　48　51　43　45　（分）

このデータの四分位数 Q_1，Q_2，Q_3 と四分位範囲 R を求めよ。また，外れ値を

$Q_1-1.5R$ よりも小さい値　および　$Q_3+1.5R$ よりも大きい値

とするとき，外れ値となるデータはどれか。すべて答えよ。

教 p.170〜171

5 分散と標準偏差

教 p.172〜175

1 分散と標準偏差

・分散：変量 x のとる n 個の値 x_1, x_2, ……, x_n の分散 s^2

$$s^2=\frac{1}{n}\{(x_1-\overline{x})^2+(x_2-\overline{x})^2+\cdots\cdots+(x_n-\overline{x})^2\}$$

⇐（分散）＝（偏差の 2 乗の平均値）

$$s^2=\frac{1}{n}(x_1^2+x_2^2+\cdots\cdots+x_n^2)-(\overline{x})^2=\overline{x^2}-(\overline{x})^2$$

⇐（分散）＝（2 乗の平均値）−（平均値の 2 乗）

・標準偏差：変量 x のとる n 個の値 x_1, x_2, ……, x_n の標準偏差 s

$$s=\sqrt{\frac{1}{n}\{(x_1-\overline{x})^2+(x_2-\overline{x})^2+\cdots\cdots+(x_n-\overline{x})^2\}}$$

⇐（標準偏差）＝$\sqrt{（分散）}$

$$s=\sqrt{\frac{1}{n}(x_1^2+x_2^2+\cdots\cdots+x_n^2)-(\overline{x})^2}=\sqrt{\overline{x^2}-(\overline{x})^2}$$

2 度数分布表と標準偏差

分散 $s^2=\frac{1}{n}\{(x_1-\overline{x})^2 f_1+(x_2-\overline{x})^2 f_2+\cdots\cdots+(x_k-\overline{x})^2 f_k\}$

$$s^2=\frac{1}{n}(x_1^2 f_1+x_2^2 f_2+\cdots\cdots+x_k^2 f_k)-(\overline{x})^2$$

標準偏差 $s=\sqrt{\frac{1}{n}\{(x_1-\overline{x})^2 f_1+(x_2-\overline{x})^2 f_2+\cdots\cdots+(x_k-\overline{x})^2 f_k\}}$

$$s=\sqrt{\frac{1}{n}(x_1^2 f_1+x_2^2 f_2+\cdots\cdots+x_k^2 f_k)-(\overline{x})^2}$$

階級値 x	度数 f
x_1	f_1
x_2	f_2
⋮	⋮
x_k	f_k
計	n

□ **361** 次のデータの分散 s^2 と標準偏差 s を求めよ。　　　　　　　　教 p.173 練習 8

(1)　3　8　6　2　6　5

*(2)　4　3　11　6　13　2　10

(3)　5　2　7　4　12　7　3　8

(4)　6　9　4　10　6　15　9　1　12

□ ***362** 次のデータの平均値は 3.8 である。このデータの分散 s^2 を求めよ。　　教 p.174 練習 9

5　2　1　7　8　3　4　1　5　2

□ **363** データが次の度数分布表で与えられているとき，それぞれの分散と標準偏差を求め
よ。ただし，標準偏差については，$\sqrt{5}=2.24$ とし，四捨五入して小数第 1 位まで求
めよ。　　　　　　　　　　　　　　　　　　　　　　　　　　　　　　教 p.175 練習 10

*(1)

階級値 x	1	3	5	7	9	計
度数 f	1	2	4	6	3	16

(2)

階級値 x	2	4	6	8	10	12	計
度数 f	4	6	8	15	12	5	50

□ **364** A さんは毎日自転車で通学している。次のデータは毎朝通学にかかった時間を 20 日
間記録したものである。

30　28　31　34　35　21　32　26　29　30

35　30　32　29　26　29　39　30　26　28　　（分）

次の問いに答えよ。　　　　　　　　　　　　　　　　　　　　　　　（教 p.170 〜 173）

(1)　このデータの平均値と分散を求めよ。

(2)　A さんが記録した 20 日の間，普段とは異なる時間帯に通学し，道路の混雑状況
が異なる日があった。その記録を除外したい。第 1 四分位数 Q_1，第 3 四分位数
Q_3，四分位範囲 R を用いて，以下を外れ値とする。

　　　　　$Q_1-1.5R$ より小さい値　　および　　$Q_3+1.5R$ より大きい値

このとき，外れ値となるデータはどれか。すべて答えよ。

(3)　(2)における外れ値を除外して新たに平均値と分散を計算すると，それぞれ(1)で
求めた値より増加するか，減少するか，変化しないかを答えよ。

教 p.176〜177

研究 変量の変換と仮平均

・変量の変換

　　a, b を定数とする。変量 x に対して，変量 u を $u=ax+b$ と定めるとき

　　　平均：$\overline{u}=a\overline{x}+b$，　標準偏差：$s_u=|a|s_x$

・仮平均

　　平均値に近いと予想した値。

　　次のような場合には，仮平均を用いることで計算が簡単になることがある。

　　　・おおまかな平均値がわかっている場合

　　　・得られたデータの値のすべてが大きな値の場合

□ **365** 変量 x の平均値が $\overline{x}=18$，標準偏差が $s_x=2$ のとき，次のように定められる変量 u について，それぞれ平均値 $\overline{u}$ と標準偏差 s_u を求めよ。　教 p.176〜177

　(1)　$u=2x-5$

　(2)　$u=-0.5x+20$

□ **366** データが次の度数分布表で与えられているとき，平均値と標準偏差を，仮平均を 14 として求めよ。　教 p.177 演習 1

階級値 x	10	12	14	16	18	20	計
度数 f	2	5	6	4	2	1	20

□ **367** あるクラスで数学のテストを行ったところ，得点の平均値は 52.5 点，標準偏差は 14 点であった。テストの得点を 0.8 倍し，15 点を加えた値を数学の成績とした。数学の成績の平均値と標準偏差をそれぞれ求めよ。

□ **368** 次のデータは，生徒 6 人のそれぞれの財布に入っている硬貨の合計金額である。

　　564　606　585　578　599　620　　（円）

　この変量を x とし，新しい変量 u を $u=\dfrac{x-550}{7}$ としてつくる。

　次の問いに答えよ。

　(1)　u の平均値 $\overline{u}$，分散 $s_u{}^2$ を求めよ。

　(2)　x の平均値 $\overline{x}$，分散 $s_x{}^2$ を求めよ。

6 データの相関

教 p.178～185

① **散布図と相関表**
- ・散布図：2つの変量の関係を座標平面上の点で表したもの
- ・相関表：2つの変量について，縦と横にそれぞれ階級を設けて，度数を表したもの

② **共分散と相関係数**
- ・共分散：n 個のデータの組 (x_1, y_1), (x_2, y_2), ……, (x_n, y_n) の共分散 s_{xy}

$$s_{xy} = \frac{1}{n}\{(x_1-\overline{x})(y_1-\overline{y}) + \cdots\cdots + (x_n-\overline{x})(y_n-\overline{y})\}$$

- ・相関係数：n 個のデータの組 (x_1, y_1), (x_2, y_2), ……, (x_n, y_n) の相関係数 r

$$r = \frac{s_{xy}}{s_x s_y} = \frac{x \text{ と } y \text{ の共分散}}{(x \text{ の標準偏差})(y \text{ の標準偏差})} \quad (-1 \leq r \leq 1)$$

$$= \frac{(x-\overline{x})(y-\overline{y}) \text{ の総和}}{\sqrt{(x-\overline{x})^2 \text{ の総和}}\sqrt{(y-\overline{y})^2 \text{ の総和}}}$$

③ **散布図と外れ値**

相関の有無や強弱については，相関係数だけで判断せず，散布図なども併用して判断することが大切である。

④ **相関と因果**

2つの変量に相関がある場合でも，その変量の間に常に因果関係があるとは限らない。

A

□*369 次の表は，生徒8人が行った2つのゲーム A，B の得点 x, y を記録したものである。

教 p.179練習 11, 12

番号	1	2	3	4	5	6	7	8
x	5	7	3	2	6	4	3	2
y	2	3	4	8	5	3	6	5

y ＼ x	1～3	4～6	7～9	計
7～9				
4～6				
1～3				
計				

(1) 散布図をかき，x, y の間に相関がみられるかを調べよ。また，相関がみられる場合には正・負のどちらかをいえ。

(2) 右の相関表を完成させよ。

□370 次の表で表された2つの変量 x, y の共分散 s_{xy}，相関係数 r を求めよ。
ただし，r については，$\sqrt{6}=2.45$ として，四捨五入して小数第2位まで答えよ。

教 p.183練習 13

*(1)

x	9	7	8	5	4	8	5	10
y	6	2	4	4	6	7	5	6

(2)

x	7	9	5	2	6	8	4	7
y	5	7	6	9	6	5	10	8

B

□ **371** 右の表は，40人の生徒に対して行った2種類
の小テストの結果の相関表である。2種類の
小テストの得点を x，y としたとき，次の問いに
答えよ。 (教)p.180, 181)

x＼y	1	2	3	計
3	4	4	10	18
2	5	15		20
1	1	1		2
計	10	20	10	40

(1) x，y の分散 s_x^2，s_y^2 をそれぞれ求めよ。

(2) x，y の共分散 s_{xy} を求め，相関係数 r を求めよ。

ただし，r については，$\sqrt{17}=4.12$ として，四捨五入して小数第2位まで求めよ。

C

例題 **38**

下の図は2つの変量 x，y の散布図であり，どの2つの点も重なっていないものとする。

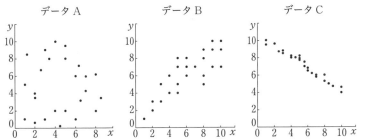

データ A～C の x と y の相関係数は -0.98，-0.01，0.83 のいずれかである。
各データの相関係数を答えよ。

(考え方) 相関係数が1に近いとき，散布図の点は直線的に右上がりに分布する。

解答 データ A について，相関がみられない。よって，相関係数は -0.01
データ B について，正の相関がある。よって，相関係数は 0.83
データ C について，強い負の相関がある。よって，相関係数は -0.98

□ **372** 右の図は2つの変量 x，y の散布図であり，
どの2つの点も重なっていないものとする。

(1) x と y の相関係数に最も近い値を，次の
うちから一つ選べ。

-1.2　-0.9　-0.6　0.0

0.6　0.9　1.2

(2) x，y の中央値に最も近い値を，次のう
ちからそれぞれ一つずつ選べ。

10　15　20　25　30

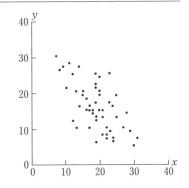

7 仮説検定の考え方

・仮説検定

ある仮説を立てて，それが成り立つかどうかを統計的に検証すること。以下の手順で考える。

① 仮説として「検証したいこと」とは反対の事柄を定める。

② ①の仮説が成り立つと仮定したときの「めったに起こらないこと」を定める。

「めったに起こらないこと」と判定される値の範囲のことを 棄却域 という。

③ 実際に標本調査などを行い，その結果が棄却域に含まれるかどうかを調べる。

(例) ある工場ではこれまで，製品 1000 個あたりの不良品の個数の平均値が 6 個，標準偏差は 0.7 であった。不良品を減らすために機械を改良したが，この改良に意味があったかを検証したい。

① 仮説は「改良に意味がなかった」と定める。← 「意味があった」の反対

② 棄却域は「平均値から標準偏差の 2 倍以上離れた値」とする。このときの棄却域は 「1000 個の中の不良品の個数が 4.6 以下」← 「7.4 以上」は今回の棄却域ではない

③ 改良した機械で 1000 個の製品を作ったとき，

(1) 不良品の個数が 4 個である場合，仮説は棄却され，改良に意味があったといえる。

(2) 不良品の個数が 5 個である場合，仮説は棄却されず，改良に意味があったかわからない。

◆ B ◆

□ **373** ある農作物を広さが 100 a（アール）の農地で栽培する。

農地を 1 a 毎にブロックに分け，99 ブロックでは従来の栽培方法で栽培し，残りの 1 ブロックでは新しい栽培方法を用いて栽培した。

収穫すると，従来の栽培方法で栽培した農地では，1 ブロックあたりの収穫量の平均値は 320 kg，標準偏差は 24 kg であった。

新しい栽培方法で栽培したブロックでの収穫量が 375 kg であったとき，新しい栽培方法は効果があったといえるだろうか。棄却域を「従来の栽培方法での収穫量の平均値から，標準偏差の 2 倍以上大きい値が収穫量となる」こととして，検証せよ。

教 p.187 問 5

□ **374** 2 つの景品 A，B のいずれか 1 つが必ず当たるゲーム機があり，「景品 A，B が等しい確率で当たる」と掲示されている。 (教 p.187)

(1) 右の表は，均質なコインを 5 枚投げる操作を 1000 セット行った結果である。この実験において，5 枚とも表が出る場合の相対度数を求めよ。

(2) 景品の出方が同様に確からしければ，景品 A が当たることは，(1)でコインの表が出ることと考えることができる。このゲーム機に 5 回挑戦したところ，5 回連続で景品 A が出た。「等しい確率で当たる」という掲示は誤りといえるか。棄却域を「A が 5 回連続で出る確率が 5% 以下となる」こととして検証せよ。

表の枚数	セット数
5	34
4	153
3	322
2	311
1	150
0	30

8 データの収集と分析

教 p.188〜189

与えられた課題を統計的な手段で解決するときには，次の手順を繰り返し行うことが多い。

① 解決すべき問題を整理する
② 問題を解決するための計画を立てる
③ データを収集する
④ 集計や分析をする
⑤ ここまでの結果をもとに結論を下す

B

□ **375** 右の図は，ある時期における各都道府県の工場の軒数と，1時間あたりの平均電力消費量をまとめたものである。この散布図において，全体の直線的な傾向から上に外れている点が複数あることがわかる。これらの点に対応する都道府県にはどのような特徴があるだろうか。

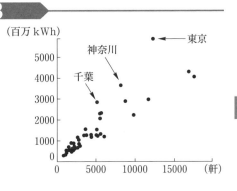

教 p.189 問 6

5
1 節 データの分析

研究 標準化と偏差値

教 p.194

・標準化

ある変量 x を以下の式を用いて変量 z に変換すること。

$$z = \frac{x - \bar{x}}{s_x} \qquad \Leftarrow z = \frac{x - (x \text{ の平均値})}{x \text{ の標準偏差}}$$

z の平均値は 0，分散と標準偏差は 1 である。単位はない。

・偏差値

上の変量 z に対して，$T = 10z + 50$ で定められる値。

B

□ **376** 右のデータは，A さんが受けた英語と数学の実力試験の結果である。
次の問いに答えよ。　教 p.194 演習 1

(1) A さんの英語と数学の点数について，それぞれの標準化された値 z_1, z_2 を求めよ。

(2) A さんの英語と数学の偏差値をそれぞれ求めよ。

教科	得点	平均点	標準偏差
英語	35	39	8
数学	71	41	12

(3) B さんも同じ実力試験を受験しており，英語の偏差値が 55 であった。B さんの英語の点数を求めよ。

《 章 末 問 題 》

□ **377** 次のデータは，30点満点のゲームに参加した8人の得点である。次の問いに答えよ。ただし，c は正の整数とする。

$$23 \quad 16 \quad 29 \quad 12 \quad 26 \quad 19 \quad 27 \quad c \quad （点）$$

(1) c に具体的な値を代入するとき，その値によって中央値はいくつかの値が考えられる。中央値は何通りの値が考えられるか。

(2) 四分位範囲が10点であるとき，c の値を求めよ。

(3) データの変量を x とする。x を使って新しい変量 u を $u = x - 20$ で定めると，変量 u の平均値が0であった。このとき，c の値，および u の分散を求めよ。

(4) (3)のとき，他の2人がこのゲームに参加し，2人の得点 a，b をデータに加えると，u の平均値が1点，u の標準偏差が7点となった。a，b の値を求めよ。ただし，$a < b$ とする。

□ **378** 右の表は，あるクラスの生徒40人をA，Bの2つのグループに分けて行った小テストの結果である。このとき，次の問いに答えよ。

	人数（人）	平均値（点）	標準偏差（点）
A	10	6	3
B	30	8	2

(1) 40人全体の平均値を求めよ。

(2) 40人全体の標準偏差を求めよ。
　　ただし，$\sqrt{2} = 1.41$，$\sqrt{3} = 1.73$ とし，四捨五入して小数第1位まで求めよ。

□ **379** 2つの変量 x，y について

　　　　平均値　$\bar{x} = 6.5$，$\bar{y} = 2.7$
　　　　標準偏差　$s_x = 3.2$，$s_y = 1.4$
　　　　共分散　$s_{xy} = 2.1$

である。変量 x，y を使ってできる新しい変量 u，v を

　　　　$u = x + 2$，$v = 3y$

で定めるとき，次の問いに答えよ。

(1) u，v の平均値 $\bar{u}$，$\bar{v}$ をそれぞれ求めよ。

(2) u，v の標準偏差 s_u，s_v をそれぞれ求めよ。

(3) u と v の共分散 s_{uv} を求めよ。

(4) u と v の相関係数 r を求めよ。ただし，四捨五入して小数第2位まで求めよ。

Prominence

□ **380** Aさんとものは同じ40人学級のクラスの生徒であり，先日国語・数学・英語の
実力考査を40人全員が受験した。次のヒストグラムはこのクラスの実力考査の得点
結果を教科別にまとめたものである。

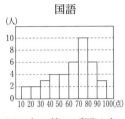
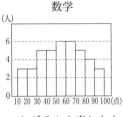

(1) 右の箱ひげ図は上のヒストグラムを表したも
のである。(a)~(c)はどの教科の得点を表したも
のであるか答えよ。

このクラスの各教科の得点の平均値・分散・標準
偏差は右のようになり，2教科の共分散は，国語
と数学は506，数学と英語は504，英語と国語は
518であった。

(2) 数学と英語の得点の相関係数を求めよ。

(3) AさんとBさんは，このクラスの3教科合計

	国語	数学	英語
平均値	63	56	52
分散	484	576	784
標準偏差	22	24	28

点の平均値と標準偏差を求めたい。そこで，以下のように話し合いをした。以下
の ア ~ ウ の空欄にあてはまる式・値を求めよ。

> Aさん：3教科合計点の平均値は ア 点だね。
>
> Bさん：標準偏差はどうやって計算しよう。国語，数学，英語，3教科合計
> の得点のデータをそれぞれ x, y, z, u として考えよう。
>
> Aさん：$(u-\bar{u})^2 = \{(x+y+z)-(\bar{x}+\bar{y}+\bar{z})\}^2$ だから，
> $(u-\bar{u})^2$ を $(x-\bar{x})$, $(y-\bar{y})$, $(z-\bar{z})$ で表すと， イ になるね。
>
> Bさん：そうすると，3教科合計点の標準偏差は ウ だね！

(4) Aさんの得点は数学が59点，英語が38点であり，Bさんの得点は数学が55点，
英語が77点であった。しかし，この2人だけ数学に採点間違いがあり，2人とも
得点が57点になった。このとき数学の分散，数学と英語の得点の相関係数は訂正
前よりどのように変化するか。以下からそれぞれ選べ。

    ①増加する   ②減少する   ③変わらない

1節 場合の数

p.023 〜 025　数学 I 2章1節
「1　集合と要素」の内容を前提としています。

2　集合の要素の個数

教 p.13〜17

1 和集合の要素の個数

集合 A が有限集合のとき，その要素の個数を $n(A)$ で表す。

2つの集合 A，B の和集合 $A \cup B$ の要素の個数

$A \cap B = \varnothing$ のとき　$n(A \cup B) = n(A) + n(B)$

$A \cap B \neq \varnothing$ のとき　$n(A \cup B) = n(A) + n(B) - n(A \cap B)$

2 補集合の要素の個数

全体集合 U の部分集合 A について　$n(\overline{A}) = n(U) - n(A)$

3 集合の要素の個数の応用（ド・モルガンの法則の利用）

$n(\overline{A} \cap \overline{B}) = n(\overline{A \cup B}) = n(U) - n(A \cup B)$

$n(\overline{A} \cup \overline{B}) = n(\overline{A \cap B}) = n(U) - n(A \cap B)$

ド・モルガンの法則
$\overline{A \cup B} = \overline{A} \cap \overline{B}$, $\overline{A \cap B} = \overline{A} \cup \overline{B}$

A

□*1 100 以下の自然数を全体集合とし，5 の倍数の集合を A，7 の倍数の集合を B とするとき，次の値を求めよ。　　　教 p.13 練習 10

(1) $n(A)$ 　　　(2) $n(B)$ 　　　(3) $n(A \cap B)$

□2 100 以下の自然数のうち，次のような数の個数を求めよ。　　教 p.14 練習 11

(1) 3 の倍数または 4 の倍数である数

*(2) 6 の倍数または 8 の倍数である数

□*3 200 以下の自然数のうち，次のような数の個数を求めよ。　　教 p.16 練習 12

(1) 3 の倍数でない数

(2) 3 の倍数であるが，9 の倍数でない数

B

□*4 あるクラスの生徒 40 人に，英語，数学の試験を行った。試験の結果，英語で 25 人，数学で 24 人の生徒が合格した。また，英語，数学ともに合格した生徒は 17 人であった。このとき，次の人数を求めよ。　　教 p.17 練習 13

(1) 英語，数学ともに合格しなかった生徒

(2) 英語のみ合格した生徒

(3) 英語，数学のいずれか 1 つだけ合格した生徒

□**5** 全体集合 U とその部分集合 A，B について，要素の個数が

     $n(U)=50$，$n(A)=30$，$n(B)=20$，$n(A \cap B)=10$

であるとき，次の集合の要素の個数を求めよ。   (教) p.13〜17)

*(1) $\overline{A}$ (2) $A \cup B$ *(3) $\overline{A} \cap B$ (4) $A \cup \overline{B}$ *(5) $\overline{A} \cap \overline{B}$

□**6** 200 以下の自然数のうち，次のような数の個数を求めよ。   (教) p.13〜17)

    (1) 4 でも 5 でも割り切れる数

    (2) 4 または 5 で割り切れる数

    (3) 5 では割り切れるが，4 では割り切れない数

    *(4) 4 でも 5 でも割り切れる，100 以上の数

    *(5) 4 または 5 で割り切れる，100 以上の数

例題 1

    ある高校の生徒 100 人に聞いたところ，通学にバスを使う生徒は 78 人，通学に電車を使う生徒は 46 人いた。このとき，バスと電車を両方使う生徒は何人以上，何人以下か。

〈考え方〉包含関係を利用する。

解答 生徒全体の集合を U とし，バス，電車を使う生徒の集合をそれぞれ A，B とすると，条件から

     $n(U)=100$，$n(A)=78$，$n(B)=46$

バスと電車を両方使う生徒の集合は $A \cap B$ であるから，$n(A \cap B)$ は

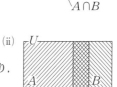

(i) $n(A)>n(B)$ より $A \supset B$ のとき最大となり，

     $n(A \cap B)=n(B)=46$

(ii) $n(A)+n(B)>n(U)$ より $A \cup B=U$ のとき最小となり，

     $n(A \cup B)=n(A)+n(B)-n(A \cap B)$ より

     $n(A \cap B)=n(A)+n(B)-n(A \cup B)$

             $=n(A)+n(B)-n(U)=78+46-100=24$

よって $24 \leqq n(A \cap B) \leqq 46$ したがって **24 人以上 46 人以下** **答**

□**7** ある高校の生徒 100 人に聞いたところ，A 町に旅行したことがある生徒は 33 人，B 町に旅行したことがある生徒は 87 人いた。このとき，次の生徒の数の範囲を求めよ。

    (1) A 町と B 町の両方を旅行したことがある生徒は何人以上，何人以下か。

    (2) A 町と B 町の両方とも旅行したことがない生徒は何人以下か。

ヒント 7 (1) $n(A \cap B)$ は，$A \subset B$ のとき最大，$A \cup B=U$ のとき最小。

□ **8**　全体集合 U とその部分集合 A, B について，要素の個数が

$$n(U)=100,\ n(A\cup B)=70,\ n(A\cap B)=15,\ n(A\cap \overline{B})=40$$

であるとき，次の集合の要素の個数を求めよ。

(1)　A　　(2)　B　　(3)　$\overline{A}\cap\overline{B}$　　(4)　$\overline{A}\cap B$　　(5)　$\overline{A}\cup\overline{B}$

□ **9**　A，B の 2 つの問題について，それぞれの正解率は 60 %，50 % であった。次に，A と B の 2 題とも正解であった人の割合は 25 % であり，2 題とも不正解だった人は 6 人であった。次の問いに答えよ。

(1)　この試験を受けた人数は何人か。

(2)　A だけ正解した人は何人か。

□ **10**　1 から n までの自然数のうち，5 の倍数は 17 個あるという。このとき，7 の倍数はいくつあると考えられるか。

研究 **3 つの集合の要素の個数**　　　　　　　　　　　　　　　　　　　　　　　(教)p.15

　3 つの集合 A, B, C の和集合 $A\cup B\cup C$ の要素の個数

$$n(A\cup B\cup C)$$
$$=n(A)+n(B)+n(C)-n(A\cap B)-n(B\cap C)-n(C\cap A)+n(A\cap B\cap C)$$

◀ **B** ▶

□ **11*　100 以下の自然数のうち，2 の倍数または 5 の倍数または 9 の倍数である数の個数を求めよ。

(教)p.15 演習 2

◀ **C** ▶

□ **12**　150 人の生徒が，A，B，C のクラブの少なくとも 1 つに必ず入っている。A，B，C のクラブの部員数はそれぞれ 84 人，66 人，60 人で，A，B の 2 つのクラブに入っている人は 30 人，A，C の 2 つのクラブに入っている人は 20 人，A，B，C の 3 つのクラブに入っている人は 5 人であるとき，次の問いに答えよ。

(1)　B，C の 2 つのクラブに入っている人は何人か。

(2)　1 つのクラブだけに入っている人は何人か。

ヒント　**9**　(1)　$n(U)=x$ とすると，$n(A)=\dfrac{60}{100}x$，$n(B)=\dfrac{50}{100}x$，$n(A\cap B)=\dfrac{25}{100}x$ から

　　　　　　　$n(\overline{A}\cap\overline{B})=6$ を利用する。

　　　10　n の値の範囲は，$5\times17\leqq n\leqq 5\times17+4$

　　　12　(2)　1 つのクラブだけに入っている人の人数は，次の式で表される。

　　　　　　　$n(A\cup B\cup C)-n(A\cap B)-n(B\cap C)-n(C\cap A)+2\cdot n(A\cap B\cap C)$

3 場合の数

1 樹形図
場合の数を，もれなく，重複なく数え上げるときに樹形図が利用できる。

2 和の法則
2つの事柄 A，B について，A の起こる場合が m 通り，B の起こる場合が n 通りあり，
それらが同時には起こらないとき，A または B の起こる場合の数は $m+n$ 通りある。

3 積の法則
2つの事柄 A，B について，A の起こる場合が m 通りあり，
そのそれぞれに対して B の起こる場合が n 通りずつあるとき，
A，B がともに起こる場合の数は $m×n$ 通りある。

4 約数の個数
$N=a^\ell b^m c^n$（a，b，c は素数，ℓ，m，n は自然数）と素因数分解されるとき
N の正の約数の個数は　$(\ell+1)(m+1)(n+1)$
N の正の約数の総和は　$(1+a+a^2+\cdots+a^\ell)(1+b+b^2+\cdots+b^m)(1+c+c^2+\cdots+c^n)$

A

13 次の場合の数を求めよ。　　　　　　　　　　　　　　　教 p.18 練習 14
　*(1)　大小2個のさいころを投げるとき，目の和が5になる場合は何通りあるか。
　(2)　大中小3個のさいころを投げるとき，目の和が7になる場合は何通りあるか。

14 1枚の硬貨を，表が3回または裏が3回出るまで繰り返し投げるとき，表と裏の出方は何通りあるか。　　　　　　　　　　　　　　　　　　　　教 p.19 練習 15

15 6個の数字1，1，1，2，2，3から3個を選んで作る3桁の整数について，次の問いに答えよ。　　　　　　　　　　　　　　　　　　　　　　　教 p.19 練習 16
　*(1)　整数は全部でいくつあるか。
　(2)　小さい方から10番目の整数を求めよ。

16 大小2個のさいころを投げるとき，次の場合の数を求めよ。　　教 p.20 練習 17
　*(1)　目の和が4または6になる。　　　　(2)　目の和が3の倍数になる。

17 大小2個のさいころを投げるとき，次の場合の数を求めよ。　　教 p.20 練習 18
　(1)　目の和が7以上になる。　　　　　*(2)　目の積が6の倍数になる。

□ **18**　A 町と B 町を結ぶ道が 5 つ，B 町と C 町を結ぶ道が 4 つある。A 町から B 町を通ってC 町まで行く行き方は何通りあるか。　　　　　　　　　　　教p.21

□ **19**　次の問いに答えよ。　　　　　　　　　　　　　　　　　教p.21 練習 19
*(1)　10 円，50 円，100 円の 3 枚の硬貨を投げるとき，表・裏の出方は何通りあるか。
(2)　10 円，50 円，100 円，500 円の 4 枚の硬貨を投げるとき，表・裏の出方は何通りあるか。

□ *20　$(a+b)(p+q)(x+y+z)$ を展開するとき，全部でいくつの項ができるか。
　　　　　　　　　　　　　　　　　　　　　　　　　　　　教p.21 練習 20

B

□ **21**　次の整数について，正の約数の個数と，その約数の総和を求めよ。　教p.22 練習 21, 22
*(1)　100　　　　　　　　　　　　　(2)　540

□ **22**　大中小 3 個のさいころを投げるとき，次の場合の数を求めよ。　教p.20〜21
(1)　目の和が 5 または 6　　(2)　目がすべて 3 以上　　*(3)　目の積が奇数

C

□ **23**　360 の正の約数のうち，次の数はいくつあるか。
*(1)　5 の倍数　　　　　(2)　3 の倍数　　　　　(3)　4 の倍数でない数

□ **24**　大小 2 個のさいころを投げ，出た目をそれぞれ a, b とするとき，次の問いに答えよ。
*(1)　$\dfrac{a}{b}$ が自然数になるのは何通りあるか。
(2)　$a^2-4b=0$ となるのは何通りあるか。

□ **25**　大中小 3 個のさいころを投げるとき，次の場合の数を求めよ。
*(1)　目がすべて異なる
*(2)　出る目の積が 3 の倍数
(3)　出る目の積が 4 の倍数

ヒント **25**　(2)　少なくとも 1 個は 3 または 6 の目が出る。
(3)　大の目が① 1, 3, 5，② 2, 6，③ 4 の 3 つに場合に分けて考える。
さらに，①，②，③それぞれについて，中の目と小の目の出方を考える。

例題 2

10 円，50 円，100 円硬貨がたくさんある。3 種類の硬貨を必ず 1 枚は使い，300 円を支払う方法は何通りあるか。

〈考え方〉100 円硬貨の枚数で場合分けして考える。

解答 10 円，50 円，100 円硬貨をそれぞれ x，y，z 枚用いて支払うとする。

300 円支払うのに，100 円硬貨を 3 枚使うと，50 円，10 円硬貨は使えないので，

$z=2$，1 ◄ ── | 100 円硬貨の枚数を考える。 |

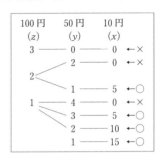

(i) $z=2$ のとき

残った 100 円を支払う方法は，右の樹形図より

$(x, y)=(5, 1)$ の 1 通り

(ii) $z=1$ のとき

残った 200 円を支払う方法は，右の樹形図より

$(x, y)=(5, 3)$，$(10, 2)$，$(15, 1)$

の 3 通り

(i)，(ii)より，支払う方法は 1＋3＝**4**（通り）

〈注意〉 $10x+50y+100z=300$ より $x+5y+10z=30$ $(x≧1, y≧1, z≧1)$
を満たす整数 (x, y, z) の組を求めてもよい。

別解 100 円，50 円，10 円硬貨をそれぞれ 1 枚ずつ使うと
160 円支払うことができる。

残り 140 円を支払う方法は，右の樹形図より **4 通り**。

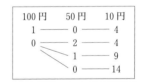

□ **26** 1 g，2 g，3 g の重りをどれも 1 個以上用いて 15 g のものを量るとき，重りの組合せは何通りあるか。

□ **27** みかん 2 個，りんご 3 個，梨 4 個がある。この中から 5 個取り出すとき，次の場合の数を求めよ。

(1) 少なくとも 1 つずつは取り出される。

(2) 取り出されないものがあってもよい。

□ **28** 次の(1)〜(3)のとき，硬貨の一部または全部を使って支払うことができる金額は何通りあるか。

(1) 10 円硬貨 3 枚，50 円硬貨 1 枚，100 円硬貨 3 枚

(2) 10 円硬貨 3 枚，50 円硬貨 3 枚，100 円硬貨 3 枚

(3) 10 円硬貨 6 枚，50 円硬貨 1 枚，100 円硬貨 3 枚

4 順列　　　　　　　　　　　　　　　　　　　　　　　　　　㉔p.23〜30

① 順列　　② 階乗の記号　　③ 順列の利用

異なる n 個のものから r 個取る順列（順序をつけて 1 列に並べたもの）の総数は　$_nP_r$

$$_nP_r=\underbrace{n(n-1)(n-2)\cdots(n-r+1)}_{r個}$$

$$_nP_n=n!=n(n-1)(n-2)\cdots3\cdot2\cdot1$$

$$_nP_r=\frac{n!}{(n-r)!}$$

なお，$0!=1$，$_nP_0=1$ と定める。

④ 円順列

異なる n 個のものの円順列の総数は　$\dfrac{_nP_n}{n}=(n-1)!$

⑤ 重複順列

異なる n 個のものから r 個取る重複順列（同じものを繰り返し取り出してよい）の総数は　n^r

A

□ **29** 次の値を求めよ。　　　　　　　　　　　　　　　　　㉔p.24 練習 23

*(1) $_6P_2$　　　　*(2) $_4P_4$　　　　(3) $_7P_1$　　　　*(4) $_8P_0$

□ **30** 次の場合の数を求めよ。　　　　　　　　　　　　　　㉔p.24 練習 24

(1) 12 人の部員から部長，副部長を 1 人ずつ選ぶ選び方

*(2) 9 人のリレー選手の中から，リレーの第 1 走者，第 2 走者，第 3 走者を選ぶ選び方

(3) a，b，c，d，e，f の 6 つの文字を 1 列に並べる並べ方

□ **31** 次の値を求めよ。　　　　　　　　　　　　　　　　　㉔p.25 練習 25

*(1) $8!$　　　　(2) $3!\cdot7!$　　　　*(3) $\dfrac{6!}{4!}$　　　　*(4) $0!$

□ ***32** 7 人が手をつないで輪をつくるとき，並び方は何通りあるか。　㉔p.28 練習 28

□ **33** 1 と 2 を繰り返し用いることを許してできる 7 桁の整数は何個あるか。　㉔p.29 練習 30

□ ***34** 2 つの記号○と×を，繰り返し用いることを許して 5 個並べるとき，並べ方は何通りあるか。　㉔p.30 練習 31

□ **35** 3つの記号○，×，△を，繰り返し用いることを許して5個並べるとき，次の問いに答えよ。 ⑧p.30 練習 32

   (1) 並べ方は何通りあるか。

   (2) (1)のうち○を少なくとも1回は用いるとき，その並べ方は何通りあるか。

─────────────────◀ **B** ▶─────────────────

□ **36** A，B，C，p，q，r，sの7文字を1列に並べるとき，次のような並べ方はそれぞれ何通りあるか。 ⑧p.26 練習 26

   *(1) 両端が大文字となる。

   (2) 中央の3つが大文字となる。

   *(3) 4つの小文字が続いて並ぶ。

   (4) 大文字と小文字が交互に並ぶ。

□ **37** 5個の数字0，1，2，3，4から，異なる4個を並べてできる，次のような整数は何個あるか。 ⑧p.27 練習 27

   (1) 4桁の整数

   *(2) 4桁の偶数

□ **38** 5人の大人A，B，C，D，Eと3人の子どもa，b，cが円卓のまわりに座るとき，次の場合の数を求めよ。 ⑧p.29 練習 29

   *(1) 2人の大人AとBが隣り合う座り方

   (2) 子ども3人が続くような座り方

   *(3) 大人Aと子どもaの席が決まっているときの座り方

   *(4) 2人の大人AとBが向かい合う座り方

□ **39** 4組のカップルが円形に並ぶとき，どのカップルも隣り合って並ぶ場合は何通りあるか。 ⑧p.29 練習 29

□ **40** 3人が1回だけじゃんけんをするとき，次の問いに答えよ。 (⑧p.30 練習 31)

   *(1) 出し方は何通りあるか。

   (2) 3人のうち，ちょうど2人が勝つ場合は何通りあるか。

   *(3) あいこになる場合は何通りあるか。

◆━━━━━ C ━━━━━◆

例題 3

5個の数字1, 2, 3, 4, 5をすべて用いてできる5桁の整数を小さい順に並べるとき，次の問いに答えよ。ただし，同じ数字は使わない。

(1) 32145 は何番目の数か。　　　　(2) 100 番目の整数を求めよ。

考え方　12345, 12354, 12435, 12453, 12534, …と並ぶ。

解答　(1) 1□□□□, 2□□□□である数は，それぞれ　4!＝24(個)

31□□□である数は　3!＝6 (個)

この次が 32145 である。

よって，32145 は　24＋24＋6＋1＝**55(番目)**　答

(2) (1)より，一万の位が1, 2, 3, 4である数は　4!×4＝24×4＝96(個)

よって，97 番目は 51234，98 番目は 51243，99 番目は 51324

ゆえに，100 番目は **51342**　答

□ *41　6個の数字1, 2, 3, 4, 5, 6を用いてできる6桁の整数を小さい順に並べるとき，次の問いに答えよ。ただし，同じ数字は使わない。

(1) 213465 は何番目の数か。　　　　(2) 500 番目の整数を求めよ。

□ 42　a, b, c, d, e, f の6文字を全部並べてできる6文字の文字列を辞書式に並べるとき，次の問いに答えよ。

(1) cfaebd は何番目の文字列か。　　　(2) 50 番目の文字列を求めよ。

□ 43　5個の数字0, 1, 2, 3, 4から，異なる4個を並べてできる4桁の整数について，次の問いに答えよ。

(1) 2400 より小さい整数は何個あるか。

(2) 3120 より大きい整数は何個あるか。

□ 44　5個の数字0, 1, 2, 3, 4を用いてできる次のような自然数の個数を求めよ。ただし，同じ数字を繰り返し用いてもよい。

(1) 3桁の自然数

(2) 4桁の偶数

(3) 240 よりも小さい3桁の自然数

□ **45** 7人の中から4人選んで円卓のまわりに座る座り方は何通りあるか。

例題 4

正四角錐の5つの面に，赤，青，黄，緑，紫の5色を1面ずつ塗るとき，異なる塗り方
は何通りあるか。

〈考え方〉側面は4色の円順列と考えられる。

解答 底面となる正方形の塗り方は5色の5通り。
側面となる4つの三角形の塗り方は4色の
円順列であるから　$(4-1)!$ 通り
よって，$5 \times (4-1)! = 30$ （通り）　**答**

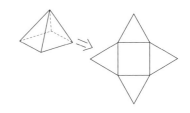

□ **46** 立方体の6つの面に，赤，青，黄，緑，紫，白の6色を1面ずつ塗るとき，異なる
塗り方は何通りあるか。

例題 5

互いに色が異なる5個の球を糸でつないで首飾りをつくるとき，何通りの方法があるか。

〈考え方〉円順列のうち，じゅずやブレスレットなどでは，裏返すと一致するものが2つずつある。

解答 異なる5個のものの円順列は
　　$(5-1)!$ 通り
このうち，裏返すと同じで
あるものが2つずつあるから
　　$\dfrac{(5-1)!}{2} = \dfrac{4!}{2} = \dfrac{24}{2} = 12$（通り）　**答**

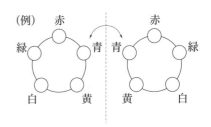

□ **47** 赤，青，黄，白，緑，紫の6個の球を糸でつないで首飾りを作るとき，次の問いに答
えよ。

(1) 全部で何通りあるか。

(2) 赤球と白球が向かい合うのは何通りあるか。

ヒント **45** 7人の中から4人選んで1列に座る座り方との違いを考える。
46 上面の色を固定して考える。
47 (2) 赤球を固定すると，白球の場所も決まる。残り4色の順列を考えるとき，裏返して重なる場合に注意する。

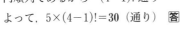

例題 6

次の問いに答えよ。

(1) 5人を2つの部屋A，Bに分けて入れる方法は何通りあるか。ただし，1人も入らない部屋があってもよい。

(2) 5人を2つの部屋A，Bに分けて入れる方法は何通りあるか。ただし，空室はないものとする。

(3) 5人を2組に分けるとき，何通りの分け方があるか。

考え方 (2) (1)から，空室ができる場合を除く。
(3) (2)で，AとBの区別がない場合となる。

解答 (1) 1人について，A，Bの2通りの部屋の選び方があるから

$$2^5 = 32（通り）\quad \boxed{答}$$

(2) (1)のうち，5人ともAまたはBに入る場合を除いて

$$32 - 2 = 30（通り）\quad \boxed{答}$$

(3) (2)で，AとBの区別がないので

$$30 \div 2! = 15（通り）\quad \boxed{答}$$

> 5人を①，②，③，④，⑤とすると
> 例えば，（①，②）と（③，④，⑤）の2組について
> 部屋のときは，
> $\begin{cases} A \longrightarrow B \\ B \longrightarrow A \end{cases}$ の2! = 2通り

□**48** 6人の生徒を次のように分ける方法は何通りあるか。

(1) A，Bの2部屋に分けて入れる。ただし，空室があってもよい。

(2) A，Bの2部屋に分けて入れる。ただし，空室はないものとする。

(3) 2組に分ける。

□**49** 次の問いに答えよ。

(1) 6人を3つの部屋A，B，Cに分けて入れる方法は何通りあるか。ただし，空室があってもよい。

(2) 6人を3つの部屋A，B，Cに分けて入れるとき，1つの部屋だけが空室になる方法は何通りあるか。

(3) 6人を3つの部屋A，B，Cに分けて入れる方法は何通りあるか。ただし，空室はないものとする。

□**50** 異なる7色の球を，3つの箱A，B，Cに入れるとき，空き箱がないように入れる方法は何通りあるか。

ヒント **49** (2) Cだけが空室のとき，A，Bには空室がない（例題6(2)参照）ことに注意する。
(3) 「1部屋だけが空室」と「2部屋が空室（1部屋だけに入る）」の場合を考える。
50 すべての場合の数から，空き箱が1つおよび2つできる場合を除く。

5 組合せ　　　　　　　　　　　　　　　　　　　　　　　　　　　㉚ p.31〜36

1 組合せ

異なる n 個のものから r 個取る組合せの総数は　$_nC_r$

$$_nC_r = \frac{_nP_r}{r!} = \frac{n(n-1)(n-2)\cdots(n-r+1)}{r(r-1)\cdots 3\cdot 2\cdot 1}$$　　とくに，$_nC_n = 1$

$$_nC_r = \frac{n!}{r!(n-r)!}$$　　なお，$_nC_0 = 1$ と定める。

$$_nC_r = {_nC_{n-r}}$$

2 組分け

k 個の組について

区別をつけるときの組分けの総数が N 通りであるとき

区別をつけないときの組分けの総数は　$\dfrac{N}{k!}$ 通り

3 同じものを含む順列

n 個のものの中に，同じものがそれぞれ p 個，q 個，r 個，……ずつあるとき，この n 個の
ものすべてを 1 列に並べる順列の総数は

$$\frac{n!}{p!q!r!\cdots}$$　　ただし，$p+q+r+\cdots = n$

◆**A**◆

☐51 次の値を求めよ。　　　　　　　　　　　　　　　　　　　　㉚ p.32 練習 33

*(1)　$_5C_2$　　　　　　(2)　$_9C_3$　　　　　　*(3)　$_{10}C_1$　　　　　*(4)　$_7C_0$

☐52 次の値を求めよ。　　　　　　　　　　　　　　　　　　　　㉚ p.32 練習 34

*(1)　$_9C_7$　　　　　　(2)　$_{16}C_{13}$　　　　　(3)　$_8C_5$　　　　　*(4)　$_{12}C_{11}$

☐53 次の場合の数を求めよ。　　　　　　　　　　　　　　　　　㉚ p.32

*(1)　6 人の生徒から 3 人の委員を選ぶ選び方

(2)　12 色の色鉛筆から 4 色を選ぶ選び方

(3)　異なる 10 冊の本から 7 冊を選ぶ選び方

☐54 正五角形について，次の問いに答えよ。　　　　　　　　　　㉚ p.33 練習 35

*(1)　頂点を結んでできる三角形の個数を求めよ。

(2)　頂点を結んでできる四角形の個数を求めよ。

*(3)　対角線の本数を求めよ。

□ **55** 次の場合の数を求めよ。
p.35 練習 38

*(1) 1, 2, 2, 3, 3, 3, 4, 4 の 8 枚のカードを 1 列に並べる並べ方。

*(2) 赤球 3 個，白球 4 個，黒球 3 個の計 10 個の球を 1 列に並べる並べ方。

(3) HOKKAIDO の 8 文字を 1 列に並べる並べ方。

B

□ **56** A 組の生徒 8 人と B 組の生徒 6 人の中から 4 人の委員を選ぶとき，次のような選び方は何通りあるか。
p.33 練習 36

(1) A 組の生徒 2 人と B 組の生徒 2 人を選ぶ。

*(2) 少なくとも 1 人は B 組の生徒を選ぶ。

*(3) A 組，B 組の生徒が少なくとも 1 人ずつ選ばれる。

(4) 特定の 2 人 a, b が選ばれる。

(5) 特定の 2 人 a, b の中で，a は選ばれ b は選ばれない。

□ **57** 10 人の生徒を，次のように分ける場合の数を求めよ。
p.34 練習 37

(1) 5 人，3 人，2 人の 3 組

(2) 2 人ずつ A，B，C，D，E の 5 部屋

(3) 2 人ずつの 5 組

(4) 4 人，3 人，3 人の 3 組

□ **58** 右の図のような街路の町で，A 地点から B 地点まで最短距離で行く道順について，次の問いに答えよ。
p.36 練習 39

(1) 全部で何通りの道順があるか。

(2) C 地点を通る道順は何通りあるか。

(3) C 地点を通らない道順は何通りあるか。

□ **59** 右の図のような街路の町で，A 地点から B 地点まで最短距離で行く道順について，次の問いに答えよ。
p.36

(1) P 地点と Q 地点をどちらも通る道順は何通りあるか。

(2) ×印を通らない道順は何通りあるか。

□ **60** 5本の平行線とそれに交わる6本の平行線とによってできる交点の個数と平行四辺形の個数を求めよ。

□ **61** 正八角形の8個の頂点のうち3個の頂点を結んでできる三角形のうち、次のような三角形はいくつあるか。

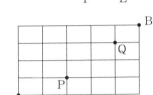

(1) 正八角形と1辺のみを共有する三角形

(2) 正八角形と辺を共有しない三角形

□ **62** 右の図のような道で、A地点からB地点まで最短で行く道順のうち、次の場合は何通りあるか。

(1) 道順の総数　　　　(2) P地点を通らない

(3) P地点またはQ地点の少なくとも一方を通る

例題 7

1から10までの10個の整数から異なる3個の数を選ぶとき、次の問いに答えよ。

(1) 最大の数が9以下で、最小の数が5以上となる選び方は何通りあるか。

(2) 最大の数が8以上となる選び方は何通りあるか。

〔考え方〕(1) 5, 6, 7, 8, 9の5個の整数から選ぶ。

(2) すべての選び方から「1から7までの整数から3個選ぶ」場合を除く。

解答 (1) 5から9までの5個の整数から3個を選べばよいから

$$_5C_3 = _5C_2 = \mathbf{10} \text{（通り）} \quad \boxed{\text{答}}$$

(2) 1から10までの10個の整数から3個を選ぶ選び方は $_{10}C_3$（通り）あり、

最大の数が7以下となる選び方は $_7C_3$（通り）あるので、

$$_{10}C_3 - _7C_3 = 120 - 35 = \mathbf{85} \text{（通り）} \quad \boxed{\text{答}}$$

〔注意〕(2)では、最大の数が8, 9, 10の場合に分けて、それぞれの数字以下の7, 8, 9個から2個を選ぶと考えると

$$_7C_2 + _8C_2 + _9C_2 = 21 + 28 + 36 = 85 \text{（通り）}$$

と求めることもできるが、場合分けが多くなると計算が大変になる。

□ **63** 1から10までの10個の整数から異なる3個の数を選ぶとき、最小の数が6以下となる選び方は何通りあるか。

ヒント **60** 2組の平行線からそれぞれ2本ずつ選ぶと平行四辺形がきまる。

61 (2) すべての三角形から、「1辺のみを共有する三角形」、「2辺を共有する三角形」を除く。

63 すべての選び方から「7, 8, 9, 10」から3個選ぶ場合を除く。

108

例題 8

JIKKYO の 6 文字を 1 列に並べるとき，次の問いに答えよ。

(1) 異なる並べ方は何通りあるか。

(2) JYO という並びを含む並べ方は何通りあるか。

(3) J，Y，O がこの順に並ぶ並べ方は何通りあるか。

考え方 (2) JYO という並びを 1 文字と考える。
(3) J，Y，O の 3 文字を 3 つの□と考え，並べた後で左から J，Y，O とする。

解答 (1) 6 文字のうち，同じ文字 K を 2 文字含む順列であるから

$$\frac{6!}{2!}=6\cdot5\cdot4\cdot3=360（通り）　答$$

(2) JYO を 1 文字と考えて，JYO，I，K，K の 4 文字の並べ方は

$$\frac{4!}{2!}=4\cdot3=12（通り）　答$$

(3) J，Y，O を□として，□が 3 個，K が 2 個，I が 1 個の 6 文字の並べ方を考え，並べた後で□を左から順に J，Y，O とすればよいから

$$\frac{6!}{3!2!}=\frac{6\cdot5\cdot4\cdot3\cdot2\cdot1}{3\cdot2\cdot1\times2\cdot1}=60（通り）　答$$

□ **64** FREEDOM の 7 文字を 1 列に並べるとき，次の問いに答えよ。

(1) 異なる並べ方は何通りあるか。

(2) DOM という並びを含む並べ方は何通りあるか。

(3) F，R，D，M がこの順に並ぶ並べ方は何通りあるか。

例題 9

a，a，a，b，b，c の 6 文字から 3 文字を取り出して 1 列に並べるとき，並べ方の総数は何通りあるか。

考え方 同じ文字を 3 個含む場合，2 個含む場合，3 個とも異なる場合に分けて考える。

解答 (i) 同じ文字を 3 個含む場合：{a，a，a} の並べ方であるから　1 通り

(ii) 同じ文字を 2 個含む場合：{a，a，b}，{a，a，c}，{b，b，a}，{b，b，c}

の並べ方であるから　$\frac{3!}{2!1!}\times4=12$ 通り

(iii) 3 個とも異なる文字の場合：{a，b，c} の並べ方であるから　3!=6 通り

(i)～(iii)より，求める並べ方の総数は　1+12+6=19（通り）　答

□ **65** 7 個の数字 1，1，1，2，2，3，4 から 3 個を選んで作る 3 桁の整数は何個あるか。

ヒント **64** (3) F，R，D，M の 4 文字を 4 つの□と考える。
65 同じ数字が 3 個，2 個，1 個（3 個とも異なる）のときに場合分けして考える。

例題 10

赤球 1 個, 白球 3 個, 青球 4 個がある。次の問いに答えよ。

(1) これら 8 個の球を円形に並べる並べ方は何通りあるか。

(2) (1)のうち, 3 個の白球がどれも隣り合わない並べ方は何通りあるか。

考え方 (2) 赤球 1 個と青球 4 個を円形に並べ, 5 か所ある球と球の間から, 白球を並べる 3 か所を選ぶ。

解答 (1) 赤球を固定して考えると, 残りの 7 個の並べ方は

$$\frac{7!}{3!4!}=35（通り）\quad 答$$

(2) 赤球 1 個と青球 4 個を円形に並べる並べ方は, 赤球を
固定して考えると 1 通りであり, 3 個の白球は, 右の図
の①〜⑤から 3 か所を選んで 1 個ずつ並べればよいので

$$1\times{}_5C_3=1\times10=10（通り）\quad 答$$

□ **66** 赤球 1 個, 白球 4 個, 青球 5 個がある。

(1) これらを円形に並べる並べ方は何通りか。

(2) (1)のうち, 4 個の白球がどれも隣り合わない並べ方は何通りあるか。

(3) (1)のうち, 4 個の白球が連続する並べ方は何通りあるか。

研究 重複を許す組合せ　　　　　　　　　　　　　　　　　　教 p.38〜39

異なる n 個のものから, 同じものを重複して取ることを許して r 個取り出す組合せの総数は

$${}_{n+r-1}C_r$$

B

□* **67** 3 種類の文字 a, b, c から, 重複を許して 5 文字取り出して作る組合せの総数を求めよ。

教 p.39 演習 1

□ **68** 方程式 $x+y+z=9$ を満たす, 次のような整数の組 $(x,\ y,\ z)$ はいくつあるか。

(1) $x,\ y,\ z$ は 0 以上の整数　　　*(2) $x,\ y,\ z$ は 1 以上の整数　　教 p.39 演習 2

C

□ **69** 7 個のみかんを 3 人で分けるとき, 次の問いに答えよ。

(1) 分け方は全部で何通りあるか。ただし, 1 個もない人がいてもよい。

(2) 1 人に 1 個は必ず分けるとすると, 分け方は全部で何通りか。

ヒント **66** (2), (3)　まず赤球 1 個と青球 5 個を円形に並べる。球と球の間は 6 か所。

68 (2)　$x-1=X,\ y-1=Y,\ z-1=Z$ とおくと　$X+Y+Z=6$ で $X,\ Y,\ Z$ は 0 以上の整数。

2節 確率

教 p.40〜44

1 事象と確率

① 試行と事象

試行　同じ条件のもとで何度も繰り返すことができる実験や観測を行うこと。

事象　試行の結果として起こる事柄。事象は A, B, C などの大文字で表す。

全事象　起こりうる結果全体の集合 U で表される事象。

根元事象　U の1つの要素だけからなる部分集合で表される事象。

② 事象の確率

全事象 U に属する根元事象の個数を $n(U)$, 事象 A に属する根元事象の個数を $n(A)$ とするとき, 事象 A の確率 $P(A)$ は

$$P(A)=\frac{n(A)}{n(U)}=\frac{\text{事象 } A \text{ の起こる場合の数}}{\text{起こりうるすべての場合の数}}$$

A

70 1, 2, 3, 4, 5 の数字が1つずつかかれた5枚のカードがある。この中から1枚のカードを引くとき, 次の事象を集合で表せ。　教 p.41 練習 1

(1) 全事象 U

(2) 偶数である事象 A

(3) 3以上の数字である事象 B

71 ジョーカーを除いた1組52枚のトランプから1枚のカードを引くとき, 次の確率を求めよ。ただし, 絵札とは J（ジャック）, Q（クイーン）, K（キング）の札を指す。

*(1) スペードの札である確率　教 p.42 練習 2

(2) K（キング）の札である確率

*(3) ダイヤの絵札である確率

(4) ハートの A（エース）の札である確率

72 次の問いに答えよ。　教 p.43 練習 3

*(1) 2枚の硬貨を同時に投げるとき, 2枚とも表が出る確率を求めよ。

(2) 3枚の硬貨を同時に投げるとき, 表が1枚, 裏が2枚出る確率を求めよ。

73 2個のさいころを同時に投げるとき, 次の確率を求めよ。　教 p.43 練習 4

(1) 目が同じになる確率

*(2) 目の和が8になる確率

*(3) 目の和が3の倍数になる確率

□ **74** 赤球4個と白球6個の合計10個の球が入っている袋から，4個の球を同時に取り出すとき，次の確率を求めよ。　　　　　　　　　　　　　⑱p.44 練習5

 (1) 4個とも白球である確率

 *(2) 1個が赤球で3個が白球である確率

 (3) 2個が赤球で2個が白球である確率

□ **75** A，B，C，D，Eの5枚のカードを1列に並べるとき，次の確率を求めよ。

 *(1) A，Eが両端にくる確率　　　　　　　　　　　　　　⑱p.44 練習6

 *(2) A，Eが隣り合う確率

 (3) A，Eが隣り合わない確率

◣ B ◢

□ **76** 2個のさいころを同時に投げるとき，次の確率を求めよ。　　⑱p.43 練習4

 (1) 目の和が5以下になる確率

 (2) 目の差の絶対値が1になる確率

□ **77** 1から100までの数字がかかれた100枚のカードがある。この中から1枚のカードを引くとき，そのカードの数字が次のようになる確率を求めよ。　⑱p.42〜43

 *(1) 6の倍数である確率

 (2) 5で割ると3余る数である確率

□ **78** A，B，Cの3人がじゃんけんを1回するとき，次の確率を求めよ。　⑱p.42〜43

 *(1) Aだけが勝つ確率

 (2) 1人だけが負ける確率

 *(3) あいこになる確率

◣ C ◢

□ **79** MONDAYの6文字を1列に並べるとき，次の確率を求めよ。

 *(1) DAYという並びを含む確率

 (2) MがDより左側にある確率

□ **80** 大人2人と子ども4人が円卓に座るとき，次の確率を求めよ。

 *(1) 大人2人が隣り合う確率

 (2) 大人2人が向かい合う確率

ヒント **79** (2) MとDを□（同じ文字）として並べ，後からMが左になるように入れる。

2 確率の基本性質

1 積事象と和事象　　2 排反事象

積事象　　事象 A と B がともに起こる事象。$A \cap B$ で表す。

和事象　　事象 A または B が起こる事象。$A \cup B$ で表す。

空事象　　決して起こらない事象。空集合 $\varnothing$ で表される。

排反事象　同時に起こることがない事象。A と B が排反 $\Longleftrightarrow A \cap B = \varnothing$

3 確率の基本性質

どのような事象 A に対しても　$0 \leqq P(A) \leqq 1$

全事象 U について　　　　　　　$P(U) = 1$

空事象 $\varnothing$ について　　　　　　$P(\varnothing) = 0$

事象 A と事象 B が互いに排反であるとき　$P(A \cup B) = P(A) + P(B)$

事象 A, B, C のどの 2 つの事象も互いに排反であるとき

$$P(A \cup B \cup C) = P(A) + P(B) + P(C)$$

4 一般の和事象の確率

$$P(A \cup B) = P(A) + P(B) - P(A \cap B)$$

5 余事象の確率

$$P(\overline{A}) = 1 - P(A)$$

A

□*81　1 個のさいころを投げる試行において,「偶数の目が出る」事象を A,「6 の約数の目が出る」事象を B とする。このとき, 次の問いに答えよ。 教 p.45 練習 7

(1)　積事象 $A \cap B$ を求めよ。　　　　　(2)　和事象 $A \cup B$ を求めよ。

□*82　1 から 20 までの番号が 1 つずつかかれた 20 枚のカードから 1 枚のカードを引く。次のうち, 互いに排反である事象の組合せをすべて求めよ。 教 p.46 練習 8

事象 A：偶数のカードが出る事象　　　事象 B：奇数のカードが出る事象

事象 C：10 の約数のカードが出る事象　事象 D：8 の倍数のカードが出る事象

□*83　赤球 4 個と白球 3 個の合計 7 個の球が入っている袋から, 3 個の球を同時に取り出すとき, 3 個とも同じ色である確率を求めよ。 教 p.48 練習 9

□*84　1 から 9 までの番号が 1 つずつかかれた 9 枚のカードがある。この中から 2 枚のカードを同時に引くとき, カードの番号が 2 枚とも奇数であるか, または 2 枚とも偶数である確率を求めよ。 教 p.48 練習 10

□ **85** 赤球 2 個，白球 3 個，黒球 5 個の合計 10 個の球が入っている袋から，2 個の球を同時に取り出すとき，2 個とも同じ色である確率を求めよ。 ㊙ p.48 練習 11

□ **86** 1 から 100 までの番号が 1 つずつかかれた 100 枚のカードがある。この中から 1 枚のカードを引くとき，カードの番号が 4 の倍数または 6 の倍数である確率を求めよ。 ㊙ p.49 練習 12

□ **87** 当たりくじを 4 本含む 10 本のくじがある。この中から 3 本のくじを同時に引くとき，次の確率を求めよ。 ㊙ p.50 練習 13

(1) 3 本ともはずれる確率　　(2) 少なくとも 1 本が当たる確率

B

□ **88** 赤球 3 個，白球 4 個，黒球 5 個の合計 12 個の球が入っている袋から，2 個の球を同時に取り出すとき，次の確率を求めよ (㊙ p.47～50)

*(1) 白球が取り出されない確率

*(2) 少なくとも 1 個は白球である確率

(3) 少なくとも 1 個は黒球である確率

□ **89** 2 個のさいころを同時に投げるとき，次の確率を求めよ。 (㊙ p.50 練習 13)

(1) 少なくとも 1 個は 1 の目が出る確率

*(2) 目の和が 10 以下となる確率

*(3) 目の積が偶数となる確率

□ **90** 1 から 100 までの番号が 1 つずつかかれた 100 枚のカードがある。この中から 1 枚のカードを引くとき，次の確率を求めよ。 (㊙ p.49～50)

*(1) カードの番号が 2 の倍数でも 5 の倍数でもない確率

(2) カードの番号が 2 の倍数であるが 5 の倍数でない確率

C

□ **91** 赤球 4 個，白球 3 個，黒球 5 個の合計 12 個の球が入っている袋から，3 個の球を同時に取り出すとき，球の色が 2 種類である確率を求めよ。

□ **92** 1 から 5 までの 5 個の数字から 3 個を選んで並べ，3 桁の整数を作るとき，次のような数となる確率を求めよ。ただし，同じ数字は使わない。

(1) 3 桁の偶数となる確率

(2) 5 で割り切れない 3 桁の整数となる確率

(3) 各位の数字の和が 3 の倍数となる確率

□ **93** 3 個のさいころを同時に投げるとき，次の確率を求めよ。

(1) 少なくとも 2 個の目が等しい確率

(2) 3 個の目の積が 5 の倍数である確率

(3) 3 個の目の積が 4 の倍数である確率

例題 11

3 個のさいころを同時に投げるとき，次の確率を求めよ。

(1) 3 個の目の積が 45 になる確率

(2) 3 個の目の積が 180 以上になる確率

考え方 積が 45 になる 3 個の目の組をまず考え，さらにその順序を考える。

解答 (1) 3 個のさいころを同時に投げるときのすべての場合の数は 6^3 通り

$45 = 3^2 \times 5$ より，積が 45 になる 3 個の目の組は $\{3,\ 3,\ 5\}$

さらに順序を考えると，$(3,\ 3,\ 5),\ (3,\ 5,\ 3),\ (5,\ 3,\ 3)$ の 3 通り

よって，目の積が 45 である確率は

$$\frac{3}{6^3} = \frac{1}{72} \quad \boxed{答}$$

(2) $180 = 2^2 \times 3^2 \times 5$ より，積が 180 になる 3 つの目の組は $\{5,\ 6,\ 6\}$

さらに順序を考えると，$(5,\ 6,\ 6),\ (6,\ 5,\ 6),\ (6,\ 6,\ 5)$ の 3 通り

積が 180 を超える場合は，組が $\{6,\ 6,\ 6\}$ のときに積が 216 となる場合の 1 通り

よって，目の積が 180 以上である確率は

$$\frac{3+1}{6^3} = \frac{4}{6^3} = \frac{1}{54} \quad \boxed{答}$$

□ **94** 3 個のさいころを同時に投げるとき，次の確率を求めよ。

(1) 3 個の目の積が 120 になる確率

(2) 3 個の目の積が 150 以上になる確率

3 **独立な試行とその確率** 教 p.51〜54

1 **独立な試行の確率** 2 **3つ以上の独立な試行**

互いに独立な2つの試行 T_1, T_2 において，T_1 で事象 A が起こる確率を $P(A)$,

T_2 で事象 B が起こる確率を $P(B)$ とすると，

T_1 で事象 A，T_2 で事象 B が起こる確率 p は

$p = P(A)P(B)$

3つ以上の独立な試行においても，同様の等式が成り立つ。

A

□*95 当たりくじ2本を含む10本のくじがある。a, b の2人がこの順にくじを1本ずつ引く試行をそれぞれ T_1, T_2 とする。次の場合，2つの試行 T_1 と T_2 は互いに独立であるか。 教 p.51

(1) 引いたくじをもとに戻すとき

(2) 引いたくじをもとに戻さないとき

□96 1個のさいころと1枚の硬貨を投げるとき，さいころは2以下の目，硬貨は裏が出る確率を求めよ。 教 p.52 練習 14

□*97 当たりくじ4本を含む20本のくじがある。この中から1本ずつ2回続けてくじを引くとき，次の確率を求めよ。ただし，引いたくじはもとに戻すものとする。

(1) 2本とも当たりくじである確率 教 p.52 練習 15

(2) 1本目ははずれのくじで，2本目が当たりのくじである確率

(3) 少なくとも1本は当たりくじである確率

□98 赤球4個と白球2個が入っている袋 A と，赤球と白球が3個ずつ入っている袋 B がある。袋 A，B から球を1個ずつ取り出すとき，取り出した2個の球の色について，次の確率を求めよ。 教 p.53 練習 16

*(1) 2個の球の色が同じ確率

(2) 2個の球の色が異なる確率

□99 1個のさいころを3回続けて投げるとき，次の確率を求めよ。 教 p.54 練習 17

(1) 3回とも1の目が出る確率

*(2) 1回目は4以下，2回目は3以下，3回目は2以下の目が出る確率

━━━━━━━━━━━━━━◣ **B** ◢━━━━━━━━━━━━━━

☐ **100** 赤，白，青，黄のカードが10枚ずつあり，どの色のカードにも1から10までの番号が1つずつかかれている。この40枚のカードから，1枚ずつ2回カードを引くとき，次の確率を求めよ。ただし，引いたカードはもとに戻すものとする。 ^教p.52 練習15

   *(1) 2枚とも赤色のカードである確率

   *(2) 2枚とも偶数のカードである確率

   (3) 少なくとも1枚は赤色の偶数のカードである確率

☐ **101** 1個のさいころを3回続けて投げるとき，次の確率を求めよ。 ^教p.54 練習17

   (1) 3回とも同じ数字である確率

   (2) 3回とも異なる数字である確率

☐ *102 A，B，C，Dの4人がダーツを1回ずつ行う。命中する確率はつねに一定で，Aが $\dfrac{2}{3}$，Bが $\dfrac{3}{4}$，Cが $\dfrac{2}{5}$，Dが $\dfrac{1}{2}$ であるとする。このとき，次の確率を求めよ。

   (1) 4人とも命中する確率   ^教p.52 練習15

   (2) 少なくとも1人が命中する確率   p.54 練習17

━━━━━━━━━━━━━━◣ **C** ◢━━━━━━━━━━━━━━

☐ **103** 赤球4個と白球3個が入った袋から2個の球を同時に取り出し，色を調べてからもとに戻す。さらに2個の球を同時に取り出し，色を調べたとき，取り出した合計4個の球の色について，次の確率を求めよ。

   (1) 4個とも赤球である確率

   (2) 赤球と白球が同数である確率

☐ **104** 大中小3個のさいころを同時に投げるとき，次の確率を求めよ。

   (1) 少なくとも1個は3以上の目が出る確率

   (2) 出る目の最小値が3以上である確率

   (3) 出る目の最小値が3である確率

───────────────────────────────

ヒント **103** (2) 赤球と白球が同数になるのは，3つの場合がある。
    104 (2) 出る目がすべて3以上と考える。
        (3) (2)から，最小値が4以上の場合を除く。

4 反復試行とその確率 教 p.55〜57

① 反復試行の確率 ② 数直線上を移動する点の位置の確率

1つの試行 T において，事象 A の起こる確率を p とする。

試行 T を n 回繰り返す反復試行において，事象 A がちょうど r 回起こる確率は

$_nC_r p^r q^{n-r}$ ただし $q=1-p$

――――――――――――A――――――――――――

□ **105** 1個のさいころを4回続けて投げるとき，次の確率を求めよ。 教 p.56 練習 18

(1) 1の目がちょうど2回出る確率

*(2) 3の倍数の目がちょうど3回出る確率

□ *106 赤球1個と白球4個が入っている袋から球を1個取り出し，色を調べてからもとに戻す試行を4回繰り返すとき，次の確率を求めよ。 教 p.56 練習 19

(1) 赤球がちょうど2回出る確率

(2) 4回目に2度目の赤球が出る確率

――――――――――――B――――――――――――

□ *107 数直線上を動く点 P がある。点 P は原点を出発して，さいころを1回投げるごとに，偶数の目が出たときには，数直線上を正の向きに3だけ進み，奇数の目が出たときには，負の向きに1だけ進むものとする。さいころを6回投げ終えたとき，点 P の座標が10である確率を求めよ。 教 p.57 練習 20

□ **108** 1個のさいころを6回続けて投げるとき，次の確率を求めよ。 (教 p.56 練習 18)

(1) 3以下の目が5回以上出る確率·

(2) 少なくとも1回は3以下の目が出る確率

――――――――――――C――――――――――――

□ **109** 数直線上を動く点 P がある。点 P は原点を出発して，さいころを1回投げるごとに，5以上の目が出たときには，数直線上を正の向きに2だけ進み，4以下の目が出たときには，負の向きに1だけ進むものとする。次の確率を求めよ。

(1) さいころを3回投げ終えたとき，点 P が原点に戻る確率

(2) さいころを6回投げ終えたとき，点 P が原点に戻る確率

(3) さいころを6回投げ終えたとき，点 P が初めて原点に戻る確率

――――――――――――――――――――

ヒント **109** (3) (2)の確率から，原点に2回戻る確率を引く。

□*110 A, B の 2 チームが試合をして，先に 3 勝したチームを優勝とする。各試合において，A チームが B チームに勝つ確率は $\dfrac{3}{5}$ で，引き分けはないものとする。次の確率を求めよ。

(1) 4 試合目で A チームが優勝する確率

(2) 5 試合目で A チームが優勝する確率

(3) A チームが優勝する確率

□111 1 個のさいころを 4 回続けて投げるとき，次の確率を求めよ。

(1) 1 の目がちょうど 1 回，2 の目がちょうど 1 回，3 の目がちょうど 2 回出る確率

(2) 1 の目がちょうど 1 回，2 の目がちょうど 1 回出る確率

□112 赤球 3 個，白球 2 個，青球 1 個が入っている袋から球を 1 個取り出し，色を調べてからもとに戻す試行を 4 回繰り返すとき，次の確率を求めよ。

*(1) 赤球が 2 回，白球と青球が 1 回ずつ出る確率

(2) 少なくとも 1 回青球が出る確率

□113 右の図のような 1 辺の長さが 1 の正方形 ABCD の辺上を，点 P が動く。点 P は，頂点 A から出発して，1 枚の硬貨を 1 回投げるごとに，表ならば 2，裏ならば 1 だけ反時計回りに辺上を進む。このとき，次の確率を求めよ。

(1) 硬貨を 4 回投げ終えたとき，点 P が頂点 A に止まる確率

(2) 硬貨を何回か投げ終えたとき，点 P が正方形を 1 周して頂点 A に止まる確率

(3) 硬貨を 6 回投げ終えたとき，点 P が正方形を 2 周して頂点 A に止まる確率

□114 右の図において，点 P は A を出発して，次の①，②に従って動く。

① 硬貨を 1 回投げるごとに，表が出たときは右へ 1 つ進み，裏が出たときは上へ 1 つ進む。

② 道がなくて進めないときは動かない。

硬貨を 5 回投げ終えたとき，次の確率を求めよ。

(1) 点 P が B に到達する確率

(2) 点 P がはじめて C に到達する確率

ヒント 110 (1) 3 試合 A チームが 2 勝 1 敗で，さらに 4 試合目に A チームが勝つ場合である。

113 表が出た回数を a，裏が出た回数を b とすると，出発点から進んだ距離は $2a+b$ と表せる。

114 (2) 4 回投げ終えたとき C の下に到達していて，5 回目で上に進む。

1

5　条件つき確率と乗法定理

教 p.58〜63

1　条件つき確率

事象 A が起こったときに，事象 B が起こる確率を

事象 A が起こったときの事象 B が起こる **条件つき確率** といい，$P_A(B)$ で表す。

条件つき確率 $P_A(B)$ は，A を全事象としたときの事象 $A \cap B$ の起こる確率である。

$$P_A(B) = \frac{n(A \cap B)}{n(A)} = \frac{P(A \cap B)}{P(A)} \qquad ただし，n(A) \neq 0$$

2　乗法定理

確率の乗法定理　　　$P(A \cap B) = P(A)P_A(B)$

□ **115** 1 から 3 までの番号がかかれた赤球 3 個と，4 から 7 までの番号がかかれた白玉 4 個の合計 7 個が入った袋から，球を 1 個取り出すとき，次の確率を求めよ。

　　(1)　取り出した球が赤色で，番号が偶数である確率　　　教 p.58 練習 21

　*(2)　取り出した球が赤色であることがわかっているとき，その球にかかれた番号が偶数である条件つき確率

　*(3)　取り出した球にかかれた番号が偶数であることがわかっているとき，その球が赤色である条件つき確率

□***116** ある学校の生徒のうち，運動部に所属している生徒が全体の 55% で，一年生で運動部に所属している生徒が全体の 20% である。この学校の生徒から抽選で 1 人を選んだところ，運動部に所属している生徒であった。その生徒が 1 年生である確率を求めよ。

教 p.59 練習 22

□ **117** 赤球 4 個と白玉 2 個が入っている袋から，球を 1 個ずつ元に戻さないで 2 回続けて取り出すとき，次の条件つき確率を求めよ。　　　教 p.58〜59

　　(1)　1 回目に赤球が出たことがわかっているとき，2 回目にも赤球が出る確率

　　(2)　1 回目に白球が出たことがわかっているとき，2 回目は赤球が出る確率

□ **118** 赤球 6 個と白玉 3 個が入っている袋から，球を 1 個ずつもとに戻さないで続けて取り出す。次の問いに答えよ。

　*(1)　球を 2 回続けて取り出すとき，次の確率を求めよ。　　　教 p.60 練習 23

　　(ⅰ)　2 回とも赤球が出る確率　　　(ⅱ)　2 回目にはじめて赤球が出る確率

　　(2)　球を 3 回続けて取り出すとき，次の確率を求めよ。　　　教 p.61 練習 24

　　(ⅰ)　3 回とも赤球が出る確率　　　(ⅱ)　3 回目にはじめて赤球が出る確率

119 当たりくじ4本を含む10本のくじがある。a, bの2人がこの順にくじを1本ずつ引くとき，次の確率を求めよ。ただし，引いたくじはもとに戻さないものとする。

*(1) 2人とも当たる確率　　　　　　　　　　　　　　　　　　　　　(教)p.61 練習 25

(2) 1人が当たり他方がはずれる確率

*(3) 少なくとも1人がはずれる確率

120 赤球2個と白球4個が入っている袋Aと，赤球4個と白球3個が入っている袋Bがある。いま，袋Aから1個の球を取り出して袋Bに入れ，よく混ぜたのち，袋Bから1個の球を取り出して袋Aに入れる。このとき，次の確率を求めよ。

*(1) 袋Aの赤球，白球の個数がともに3個ずつとなる確率　　　　(教)p.62 練習 26

(2) 袋Aの赤球が2個，白球が4個となる確率

*121 ある製品は，A工場で25%，B工場で75%製造されている。A工場では2%，B工場では3%の不合格品が出るという。この製品の中から1個を取り出して検査するとき，次の確率を求めよ。　　　　　　　　　　　　　　　　　　(教)p.63 練習 27

(1) 取り出した製品が不合格品である確率

(2) 取り出した製品が不合格品であったとき，その製品がB工場の製品である確率

122 ある高校では，2年生から理系コース，文系コースに分かれて授業をしている。この学校の1年生の2クラスA組とB組の生徒について，コースの希望調査をしたところ，右の表のような結果が得られた。この

	理系	文系	計
A 組	26	14	40
B 組	18	22	40
計	44	36	80

2クラスから無作為に1人を選んだとき，その生徒について次の確率を求めよ。

(1) 理系コースを希望している生徒である確率　　　　　　　　　　((教)p.58)

(2) A組で理系コースを希望している生徒である確率

(3) 理系コースを希望している生徒であることがわかったとき，A組の生徒である確率

(4) B組の生徒であることがわかったとき，文系コースを希望している確率

◆━━━━━━ **C** ━━━━━━◆

□ **123** 1個のさいころを3回続けて投げるとき,「1回目に6の目が出る」事象を A,「2回以上6の目が出る」事象を B とする。このとき,次の確率を求めよ。

　(1)　$P(A)$　　　　　　　　*(2)　$P_A(B)$　　　　　　　　*(3)　$P(A \cap B)$

□ **124** 事象 A, B の起こる確率について,$P(A) = \dfrac{2}{3}$,$P(B) = \dfrac{1}{4}$,$P(A \cap B) = \dfrac{1}{6}$ であるとき,次の確率を求めよ。

　(1)　$P(A \cup B)$　　　　　(2)　$P_A(B)$　　　　　(3)　$P_{\overline{A}}(B)$

例題 12

　赤球3個と白球4個が入っている箱から,1個の球を取り出し,それをもとにもどさないで続けてもう1個取り出す。2番目に取り出した球が赤球であるとき,最初に取り出した球が白球であった確率を求めよ。

(考え方) 「1番目に取り出した球が白球である」事象を A,「2番目に取り出した球が赤球である」事象を B として,条件付き確率 $P_B(A)$ を求める。

解答　　　「1番目に取り出した球が白球である」事象を A

　　　　　「2番目に取り出した球が赤球である」事象を B

とすると,求める確率は $P_B(A)$ である。

$$P_B(A) = \frac{P(B \cap A)}{P(B)} = \frac{P(A \cap B)}{P(B)} \quad\longleftarrow\quad \boxed{P(B \cap A) = P(A \cap B)}$$

であり,$P(B) = P(A)P_A(B) + P(\overline{A})P_{\overline{A}}(B) \quad\longleftarrow\quad \boxed{白 \cdot 赤 + 赤 \cdot 赤}$

$$= \frac{4}{7} \times \frac{3}{6} + \frac{3}{7} \times \frac{2}{6} = \frac{3}{7}$$

$$P(A \cap B) = P(A)P_A(B) = \frac{4}{7} \times \frac{3}{6} = \frac{2}{7}$$

よって,$P_B(A) = \dfrac{2}{7} \div \dfrac{3}{7} = \dfrac{2}{7} \times \dfrac{7}{3} = \dfrac{2}{3}$　**答**

□ **125** 赤球が6個と白球が4個入っている袋 A と,赤球が9個と白球が3個入っている袋 B がある。最初に1枚の硬貨を投げ,表が出たら袋 A から球を1個,裏が出たら袋 B から球を1個取り出す。このとき,次の確率を求めよ。

　(1)　取り出した球が赤球である確率

　*(2)　取り出した球が赤球であったとき,この球が袋 A の球である確率

ヒント **123** (2) 2,3回目で少なくとも1回6の目が出る場合である。

　　　　124 (3) $P_{\overline{A}}(B) = \dfrac{P(\overline{A} \cap B)}{P(\overline{A})} = \dfrac{P(B) - P(A \cap B)}{1 - P(A)}$

6 期待値

教 p.64〜66

1 期待値

数量 X のとる値が x_1, x_2, $\cdots$, x_n で，これらの値をとる
確率がそれぞれ p_1, p_2, $\cdots$, p_n であるとき

X	x_1	x_2	$\cdots$	x_n	計
確率	p_1	p_2	$\cdots$	p_n	1

期待値：$E = x_1 p_1 + x_2 p_2 + \cdots + x_n p_n$ 　　ただし，$p_1 + p_2 + \cdots + p_n = 1$

A

□ *126 右の表のような賞金がついている総数 1000 本の
くじがある。
このくじを 1 本持っている人の賞金の期待値を
求めよ。 教 p.64

	賞金	本数
1 等	10000 円	1 本
2 等	5000 円	9 本
3 等	1000 円	90 本
4 等	100 円	900 本
計		1000 本

□ *127 赤球 5 個と白球 3 個が入っている袋から，3 個の球を同時に取り出すとき，取り出
した赤球の個数の期待値を求めよ。 教 p.65 練習 28

□ *128 赤球 7 個と白球 3 個が入っている袋から，2 個の球を同時に取り出し，出た赤球
1 個につき 100 円もらえるゲーム A と，100 円硬貨を 3 回投げて，表の回数と同じ
枚数の 100 円硬貨をもらえるゲーム B がある。A，B どちらのゲームに参加する方
が有利であるか。 教 p.66 練習 29

B

□ 129 1 から 9 までの数字が 1 つずつかかれた 9 枚のカードがある。この 9 枚のカードから，
1 枚ずつ 3 回カードを引くとき，3 の倍数の目が出る回数の期待値を求めよ。ただし，
取り出したカードはもとに戻すものとする。 教 p.66

C

□ 130 1 個のさいころを 5 回投げるとき，5 以上の目が出れば〇を，4 以下の目が出れば×
を順に記入していく。〇の数が 5 個のとき 10 点，4 個のとき 6 点，3 個のとき 2 点，
2 個以下ならば 0 点が与えられる。このとき，得点の期待値を求めよ。

□ **131** 赤球 4 個と白球 3 個が入っている袋がある。このとき，次の期待値を求めよ。

(1) 同時に 4 個の球を取り出すとき，そのなかに含まれている白球の個数の期待値

(2) よく混ぜてから 1 個の球を取り出し，その色を記録してもとに戻す。この試行を 4 回繰り返すとき，白球を取り出す回数の期待値

例題 13

1 から 5 までの数字が 1 つずつかかれた 5 枚のカードがある。この中から 2 枚のカードを同時に取り出すとき，大きい数を X とする。X の期待値を求めよ。

考え方 X のとりうる値は，2，3，4，5 のいずれかである。

解答 $X=k$ $(k=2, 3, 4, 5)$ である場合の数を $n(X=k)$，確率を $P(X=k)$

とする。また，取り出された 2 枚のカードを $\{a, b\}$ （ただし，$a<b$） とすると

$X=2$ となるのは $\{1, 2\}$ のときであるから $n(X=2)=1$

$X=3$ となるのは $\{1, 3\}, \{2, 3\}$ のときであるから $n(X=3)=2$

$X=4$ となるのは $\{1, 4\}, \{2, 4\}, \{3, 4\}$ であるから $n(X=4)=3$

$X=5$ となるのは $\{1, 5\}, \{2, 5\}, \{3, 5\}, \{4, 5\}$ であるから $n(X=5)=4$

よって $P(X=2)=\dfrac{1}{{}_5C_2}=\dfrac{1}{10}$, $P(X=3)=\dfrac{2}{10}$, $P(X=4)=\dfrac{3}{10}$, $P(X=5)=\dfrac{4}{10}$

ゆえに，求める期待値を E とすると

$$E=2\times\frac{1}{10}+3\times\frac{2}{10}+4\times\frac{3}{10}+5\times\frac{4}{10}=\frac{2+6+12+20}{10}=\frac{40}{10}=4 \quad \boxed{答}$$

□ **132** 2 個のさいころを同時に投げるとき，出る目の数の最小値を X とする。X の期待値を求めよ。

研究 ベイズの定理　　　　　　　　　　　　　　　　　　　　　教 p.70

$$P_B(A_i)=\frac{P(A_i\cap B)}{P(B)}=\frac{P(A_i)P_{A_i}(B)}{P(A_1)P_{A_1}(B)+P(A_2)P_{A_2}(B)+\cdots+P(A_n)P_{An}(B)}$$

B

□ **133** ある製品は，A 工場で 50 %，B 工場で 30 %，C 工場で 20 % 生産されていて，A 工場で 3 %，B 工場で 2 %，C 工場で 1 % の不合格品が出るという。この製品の中から取り出した 1 個が不合格品であったとき，この製品が C 工場の製品である確率を求めよ。

教 p.70 演習 1

《 章 末 問 題 》

124

- **134** 1から300までの整数の集合を全体集合 U とし，2の倍数の集合を A，3の倍数の集合を B，5の倍数の集合を C とするとき，次の値を求めよ。
  - (1) $n(A)$, $n(B)$, $n(A \cap B)$
  - (2) $n(A \cup B)$
  - (3) $n(\overline{A \cap B})$
  - (4) $n(A \cup B \cup C)$

- **135** A組の生徒 a，b，c の3人と，B組の生徒 d，e，f，g の4人が横1列に並ぶとき，次のような並び方はそれぞれ何通りあるか。
  - (1) B組の生徒4人が続いて並ぶ。
  - (2) A組の生徒どうしが隣り合わない。
  - (3) a が b よりも左に，さらに b が c よりも左側に並ぶ。

- **136** 赤玉1個，白玉2個，青玉4個がある。次の問いに答えよ。
  - (1) これらを円形に並べる並べ方は何通りあるか。
  - (2) (1)のうち，左右対称であるものは何通りあるか。
  - (3) これらの球にひもを通してできるネックレスは何種類あるか。

- **137** 赤，青，黄のカードが5枚ずつあり，どの色のカードにも1から5の番号が1つずつかかれている。この15枚のカードから同時に3枚のカードを選ぶとき，次のような選び方は何通りあるか。
  - (1) すべての選び方
  - (2) 同じ色の連続した数字のカードからなる3枚の選び方
  - (3) カードの色に関係なく，連続した数字のカードからなる3枚の選び方
  - (4) カードの数字に関係なく，同じ色のカードからなる3枚の選び方
  - (5) 3枚のうち2枚だけが同じ数字になる選び方

- **138** 座席が4つずつあるボート2そうに6人を分乗させることを考える。次のような場合の数は何通りあるか。ただし，誰も乗らないボートはないものとする。
  - (1) 2そうのボートに載せる，6着の救命胴衣の分け方。ただし，1つのボートに載せる救命胴衣は最大で4着とし，ボートは区別し，救命胴衣は区別しない。
  - (2) 人もボートも区別するが，どの人がどの座席につくかは区別しない乗り方。
  - (3) 人もボートも区別し，どの人がどの座席につくかも区別する乗り方。

☐ **139** A，B，C，D の 4 人がくじ引きで席替えをするとき，次の確率を求めよ。
   (1) 全員が以前と同じ席に座る確率
   (2) A だけが以前と同じ席に座り，他の 3 人はすべて以前とは異なる席に座る確率
   (3) 全員が以前とは異なる席に座る確率

☐ **140** 赤球，白球合わせて 10 個の球がある。この中から 2 個の球を同時に取り出すとき，2 個とも同じ色である確率は $\frac{7}{15}$ である。このとき，赤球の個数を求めよ。ただし，赤球の方が白球よりも多いものとする。

☐ **141** 当たりくじ n 本を含む 10 本のくじがある。この中から 1 本ずつ 2 回続けてくじを引くとき，次の問いに答えよ。ただし，引いたくじはもとに戻すものとする。
   (1) 少なくとも 1 本は当たる確率を n を用いて表せ。
   (2) 少なくとも 1 本が当たる確率を 51％ 以上にするには，当たりくじの本数 n をどのような値にすればよいか。

☐ **142** A，B の 2 チームが試合をして，先に 3 勝したチームを優勝とする。各試合において，A チームが B チームに勝つ確率は $\frac{2}{3}$ で，引き分けはないものとする。次の確率を求めよ。
   (1) 3 試合目で優勝チームが決まる確率
   (2) A チームが優勝する確率
   (3) 第 1 試合で A チームが勝ったとき，A チームが優勝する確率
   (4) A チームが優勝したとき，第 1 試合で A チームが勝っていた確率

Prominence

☐ **143** 次の問いに答えよ。
   (1) 1 個のさいころを 1 回または 2 回投げて，最後に出た目の数を得点とするゲームを考える。1 回投げて出た目を確認したうえで，2 回目を投げるか投げないかを決めることができる。どのように決めるのが有利であるか，考えてみよう。
   (2) (1)で考えた方針でこのゲームをするとき，得点の期待値を求めてみよう。
   (3) (1)と同様のゲームで，さいころを 3 回まで投げることができるとすると，2 回目，3 回目を投げるか投げないかをどのように決めるのが有利か，考えてみよう。

2章 図形の性質

1節 三角形の性質

1 三角形と線分の比

教 p.72〜75

1 線分の内分と外分

線分 AB 上に点 P があり

$\quad$ AP : PB = $m : n$ $\quad (m>0,\ n>0)$

のとき，点 P は線分 AB を $m : n$ に内分する。

線分 AB の延長上に点 Q があり

$\quad$ AQ : QB = $m : n$ $\quad (m>0,\ n>0,\ m \neq n)$

のとき，点 Q は線分 AB を $m : n$ に外分する。

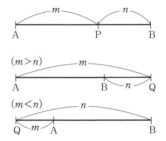

2 平行線と線分の比

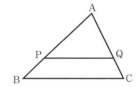

PQ // BC ならば

$\qquad$ AP : AB = AQ : AC = PQ : BC

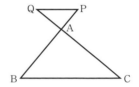

AP : AB = AQ : AC ならば $\quad$ PQ // BC

AP : PB = AQ : QC ならば $\quad$ PQ // BC

3 三角形の角の二等分線と線分の比

<u>内角の二等分線と線分の比</u>

△ABC において，∠A の二等分線と辺 BC との交点
を D とすると，D は辺 BC を AB : AC の比に内分する。

$\qquad$ BD : DC = AB : AC

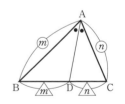

<u>外角の二等分線と線分の比</u>

AB≠ACの△ABC において，∠A の外角の二等分線と
辺 BC との交点を E とすると，

E は辺 BC を AB : AC の比に外分する。

$\qquad$ BE : EC = AB : AC

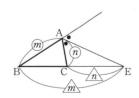

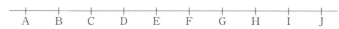

□*144 次の図の点 A から点 I までの 9 個の点は等間隔である。線分 DG を 1：2 に内分する点と外分する点はどれか。 ㊙ p.72 練習 1

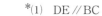

□ **145** 次の図において，x，y の値をそれぞれ求めよ。 ㊙ p.73 練習 2

*(1) DE∥BC   *(2) DE∥BC   (3) AD∥EF∥BC

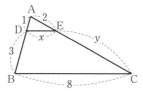

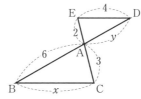

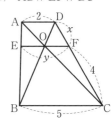

□*146 AB＝9，BC＝6，CA＝10 である△ABC において，∠B の二等分線と辺 AC との交点を D，∠C の二等分線と辺 AB との交点を E とする。このとき，線分 AD，AE の長さを求めよ。

㊙ p.75 練習 3

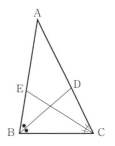

□*147 AB＝10，BC＝CA＝6 の△ABC において，∠A の二等分線とその外角の二等分線が辺 BC，およびその延長と交わる点をそれぞれ D，E とする。このとき，線分 BE，DE の長さを求めよ。 ㊙ p.75 練習 4

□ **148** 平行四辺形 ABCD において，辺 CD の中点を M，線分 AM と対角線 BD の交点を P，直線 CP と辺 AD の交点を Q とするとき，次の比を求めよ。

(1) BP：PD   ㊙ p.73 練習 2)

(2) AQ：QD

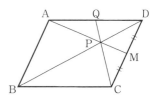

（右余白 縦書き）2　1 節　三角形の性質

128

□ **149** △ABC の ∠A の二等分線と辺 BC の交点を D とする。

次の問いに答えよ。 (教 p.74 ～ 75)

(1) 線分 BD，CD の長さを，a，b，c を用いて表せ。

(2) AB＝3BD であるとき，AB＋AC は BC の何倍か。

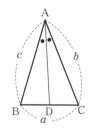

□ **150** △ABC において，AB＝6，BC＝5，CA＝4 とする。

A を通り BC に垂直な直線と辺 BC との交点を H，

∠A の二等分線と辺 BC の交点を D とするとき，

次の線分の長さを求めよ。 (教 p.75 練習 3)

(1) BD　　　(2) BH　　　(3) AD

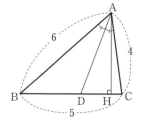

□ **151** 図のような△ABC において，∠A の

外角の二等分線と辺 BC の延長との交

点を D，∠C の外角の二等分線と辺

BA の延長との交点を E とする。

次の問いに答えよ。

(教 p.75 練習 4)

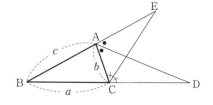

(1) BD，BE の長さを a，b，c を用いて表せ。ただし $a \geqq c > b$ とする。

(2) BD＝BE のとき，BA＝BC であることを示せ。

C

□ **152** 右の図の直角三角形 ABC において，辺 AB の中点を M，

∠B の二等分線と AC，CM との交点をそれぞれ D，E と

する。次の面積を求めよ。

(1) △CDM　　　(2) △DEM

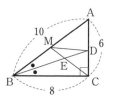

□ **153** 正方形 ABCD において，辺 CD の中点を E，線分 DE の中点を F，AE と BF の交

点を P とするとき，次の比を求めよ。

(1) AP：EP　　　(2) 三角形 ABC と四角形 PBCE の面積の比

1 **三角形の重心**

3 本の中線の交点。重心は中線を 2：1 に内分する。

※中線　三角形の頂点と対辺の中点を結ぶ線分

2 **三角形の内心**

3 つの内角の二等分線の交点。内心は各辺から等距離にある。

3 **三角形の外心**

3 つの辺の垂直二等分線の交点。外心は各頂点から等距離にある。

4 **三角形の垂心**

各頂点からそれぞれの対辺に引いた垂線の交点。

① 　重心 G

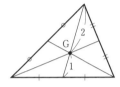

② 　内心 I

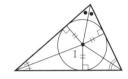

③ 　外心 O

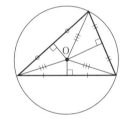

④ 　垂心 H

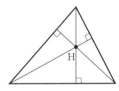

□*154　右の図において，点 G は△ABC の重心で，G を通る

直線 DE は辺 BC に平行であるとする。

このとき，x, y の値を求めよ。　　教 p.76 練習 5

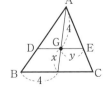

☐ **155** 次の図において，点 I は△ABC の内心である。角の大きさ α，β を求めよ。

*(1)　　　　　　　　　　　　　　　　　　(2)　　　　　　　　　　　教 p.77 練習 6

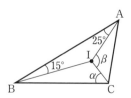
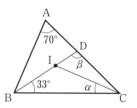

☐ **156** 右の図において，点 I は，△ABC の内心である。
角の大きさ α を求めよ。　　　　　教 p.78 練習 7

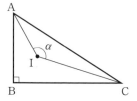

☐ **157** △ABC において，頂点 A から対辺 BC に垂線
AH を引く。
　　AB＝5，BH＝4，CH＝3
のとき，次の問いに答えよ。　　教 p.78 練習 8

(1) 辺 AC の長さを求めよ。

(2) △ABC の面積を求めよ。

(3) △ABC の内接円の半径を求めよ。

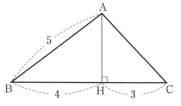

☐ **158** 次の図において，点 O は△ABC の外心である。角の大きさ α，β を求めよ。

*(1)　　　　　　　　　　　　　　　　　　(2)　　　　　　　　　　　教 p.79 練習 9

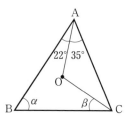
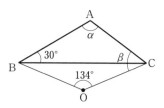

☐***159** 右の図において，点 H は△ABC の垂心である。
角の大きさ α，β を求めよ。 教p.80

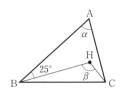

2

1節 三角形の性質

☐ **160** AB＝8，AC＝7 である△ABC において，辺 BC，CA，AB の中点をそれぞれ D，E，F，△ABC の重心を G，△AEF の重心を P とする。AD＝6 とするとき，次の線分の長さを求めよ。 教p.76

(1) DE (2) DF (3) PG

☐***161** AB＝6，BC＝4，CA＝5 である△ABC において，∠B の二等分線と辺 AC との交点を D，∠C の二等分線と辺 AB との交点を E，BD と CE の交点を I とする。このとき，次の問いに答えよ。 教p.77

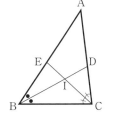

(1) 線分 CD の長さを求めよ。

(2) $\dfrac{BI}{DI}$ の値を求めよ。

☐ **162** △ABC において，AB＝AC＝3，BC＝4 である。△ABC の重心を G，内心を I とするとき，次の線分の長さを求めよ。 教p.76〜77

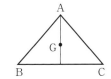

(1) AG

(2) AI

(3) GI

☐ **163** ∠A＝80°，∠B＝60° である△ABC において，外心を O，内心を I とする。このとき，次の角の大きさを求めよ。 教p.77〜79

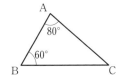

(1) ∠BOC

(2) ∠BIC

C

□ **164** △ABC において，AB＝AC＝3，BC＝2 である。辺 BC の中点を M，△ABC の内心を I，垂心を H とするとき，次の線分の長さを求めよ。

(1) IM　　　　　　　　　　　　(2) HM

例題 14

正三角形では，外心と重心は一致することを示せ。

（考え方）重心 G が，外心の性質をもつことを示す。

解答 正三角形 ABC において，辺 BC の中点を M とすると，重心 G は AM 上にある。

AB＝AC より，AM は辺 BC の垂直二等分線である。

よって，重心 G は辺 BC の垂直二等分線上にある。

同様にして，重心 G は辺 AB，CA の垂直二等分線上にあるから，点 G は正三角形 ABC の外心である。

ゆえに，正三角形の外心と重心は一致する。 **終**

□ **165** 正三角形では，重心と垂心は一致することを示せ。

研究 **三角形の傍心**　　　　　　　　　　　　　　　　　㉚p.81

三角形の傍心

1 つの内角と他の 2 つの外角の二等分線の交点。

傍心は 1 つの三角形に 3 つある。

⑤ 傍心 I_A，I_B，I_C

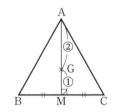

※ 三角形の重心，内心，外心，垂心，傍心を合わせて，三角形の五心という。

A

□ **166** △ABC の内心を I，辺 BC に接する傍接円の中心を I_A とする。

∠IBI_A の大きさを求めよ。

㉚p.81

3　メネラウスの定理とチェバの定理　　　　　　　　　㊙p.82〜83

① **メネラウスの定理**

△ABC の辺 BC の延長上に点 P，辺 CA，AB 上にそれぞれ点 Q，R があり，3 点 P，Q，R が一直線上にあるとき，次の式が成り立つ。

$$\frac{BP}{PC} \cdot \frac{CQ}{QA} \cdot \frac{AR}{RB} = 1$$

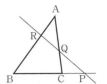

② **チェバの定理**

△ABC の辺 BC，CA，AB 上にそれぞれ点 P，Q，R があり，3 本の直線 AP，BQ，CR が 1 点で交わるとき，次の式が成り立つ。

$$\frac{BP}{PC} \cdot \frac{CQ}{QA} \cdot \frac{AR}{RB} = 1$$

※　メネラウスの定理，チェバの定理は逆も成り立つ。

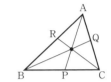

2

1節　三角形の性質

Ａ

□*167　右の図において，次の比を求めよ。

　　　　　　　　　　　　　　　　　　　　（㊙p.82）

(1)　AQ：QC

(2)　PR：RQ

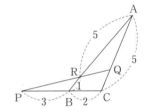

□168　△ABC において，辺 AB の中点を M，辺 AC を 1：2 に内分する点を N，直線 MN と直線 BC の交点を P とするとき，次の比を求めよ。　　㊙p.82 練習 11

*(1)　CP：PB

(2)　PM：MN

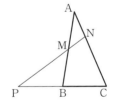

□169　次の図において，$x：y$ の比を求めよ。　　㊙p.83

*(1)

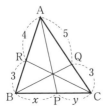

(2)

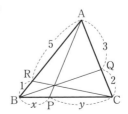

□*170　△ABC において，辺 AB を 2：3 に内分する点を D，辺 AC を 2：1 に内分する点を E，線分 BE と CD の交点を P，直線 AP と辺 BC との交点を F とする。このとき，BF：FC の比を求めよ。　　　　　　　　　　　教 p.83 練習 12

━━━━━━━━━━━━━◣ B ◢━━━━━━━━━━━━━

□171　右の図において，x の値，$\dfrac{FP}{PA}$ の値，$\dfrac{FD}{DE}$ の値を
求めよ。　　　　　　　　　（教 p.82 〜 83）

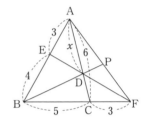

□172　△ABC において，AB：AC＝1：3 である。辺 AB，BC の中点をそれぞれ M，N とし，∠A の二等分線が MN，BC と交わる点をそれぞれ P，D とするとき，$\dfrac{AP}{PD}$ および $\dfrac{MP}{PN}$ の値を求めよ。　　　　　　　（教 p.82 練習 11）

□*173　△ABC の辺 AB を 2：1 に内分する点を R，辺 AC を 4：3 に内分する点を Q とする。線分 BQ と線分 CR の交点を O とし，直線 AO と辺 BC の交点を P とする。このとき，次の問いに答えよ。　　　$\left(\begin{array}{l}\text{教 p.82 練習 11}\\ \text{p.83 練習 12}\end{array}\right)$
(1)　BP：PC の比を求めよ。
(2)　△OBC：△ABC の面積比を求めよ。

━━━━━━━━━━━━━◣ C ◢━━━━━━━━━━━━━

□174　面積が 1 である△ABC において，辺 BC，CA，AB を 3：2 に内分する点をそれぞれ L，M，N とし，線分 AL と BM，BM と CN，CN と AL との交点をそれぞれ P，Q，R とするとき，△PQR の面積を求めよ。

研究 三角形の辺と角の大小関係　教 p.84〜85

2辺の大小と対角の大小関係

三角形において，大きい辺に対する角は小さい辺に対する角よりも大きい。

2辺の和と他の1辺の大小

三角形の2辺の長さの和は，残りの1辺の長さよりも大きい。

三角形の成立条件

3辺の長さ a, b, c の三角形を作ることができる
$\iff$ $|b-c|<a<|b+c|$

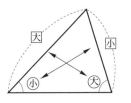

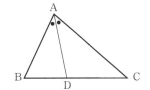

A

□ *175　△ABC において，次の問いに答えよ。　教 p.84 演習 1

(1) BC=5，CA=9，AB=7 のとき，3つの角の大小を調べよ。

(2) ∠A=45°，∠B=75° のとき，3辺の大小を調べよ。

□ 176　3辺の長さが次のような三角形は存在するかどうかを調べよ。　教 p.85 演習 2

(1) 4，5，6　　　　(2) 3，6，10　　　　(3) 3，5，8

□ *177　三角形の3辺の長さを a, 5, 8 とするとき，a の値の範囲を求めよ。　教 p.85 演習 2

B

□ 178　△ABC において，∠A の二等分線と辺 BC の交点を D とする。

AC>AB であるとき，∠ADC と∠ADB の大小を調べよ。　(教 p.84, 85)

C

□ *179　三角形の3辺の長さが 4，$x+1$，$7-x$ であるとき，x の値の範囲を求めよ。また，この三角形が直角三角形となるときの x の値を求めよ。

2節 円の性質

円周角の定理

　　1つの弧に対する円周角の大きさは一定であり，
　　その弧に対する中心角の大きさの半分である。

円周角の定理の逆

　　4点 A，B，P，Q について，2点 P，Q が直線 AB に関して同じ側にあるとき，
　　∠APB＝∠AQB ならば，4点 A，B，P，Q は同じ円周上にある。

円に内接する四角形

　　円に内接する四角形について，次のことが成り立つ。

　① 対角の和は 180° である。

　② 外角はそれと隣り合う内角の対角に等しい。

四角形が円に内接する条件

　① 1組の対角の和が 180° である四角形は，円に内接する。

　② 1つの外角が，それと隣り合う内角の対角に等しい四角形は，円に内接する。

▼ A ▼

□ **180** 次の図において，角 θ の値を求めよ。ただし，点 O は円の中心である。⑧p.88 練習1

*(1)　　　　　　　　　　(2)　　　　　　　　　　*(3)

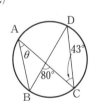
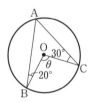

□ *__181__ 次のうち，4点 A，B，C，D が同じ円周上にあるものはどれか。⑧p.88 練習2

①　　　　　　　　　②　　　　　　　　　③

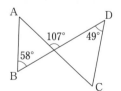
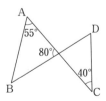

□ **182** 次の図において，角 θ の値を求めよ。 (教) p.89 練習 3

*(1)

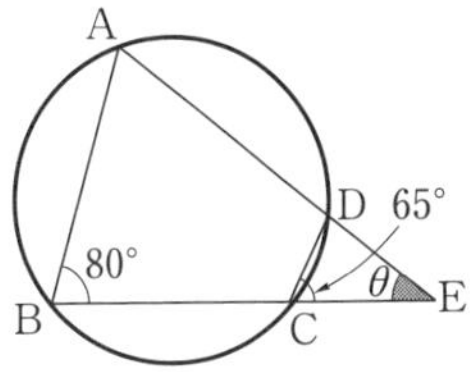

(2)

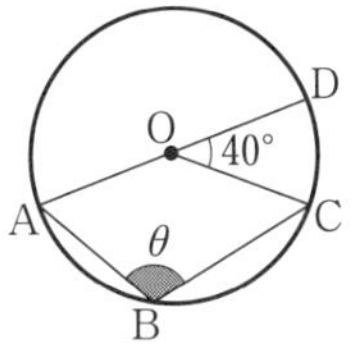

*(3)

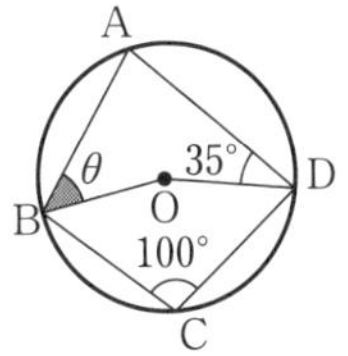

*(4)

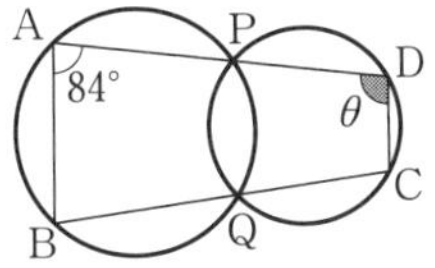

□* **183** 次の四角形 ABCD のうち，円に内接するものはどれか。 (教) p.90 練習 4

①

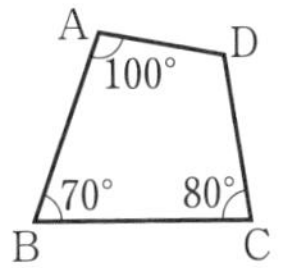

②

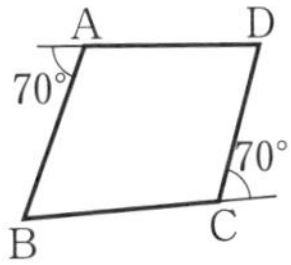

③

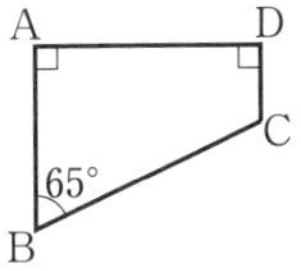

B

□ **184** 図のように，円周上に 4 点 A，B，C，D がある。△ABC が正三角形であるとき，次の問いに答えよ。 (教) p.88 練習 1)

(1) ∠ADC の大きさを求めよ。

(2) 線分 BD 上に DP＝DC となる点 P をとると，△CDP は正三角形となることを証明せよ。

(3) △ACD≡△BCP であることを証明せよ。

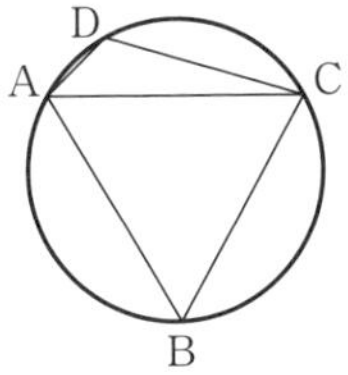

□* **185** △ABC の辺 BC 上に点 D，辺 AC 上に点 E があり，四角形 ABDE は円に内接している。AB＝4，BC＝6，CA＝5，AE＝DE のとき，AE，BD の長さを求めよ。 (教) p.89 練習 3)

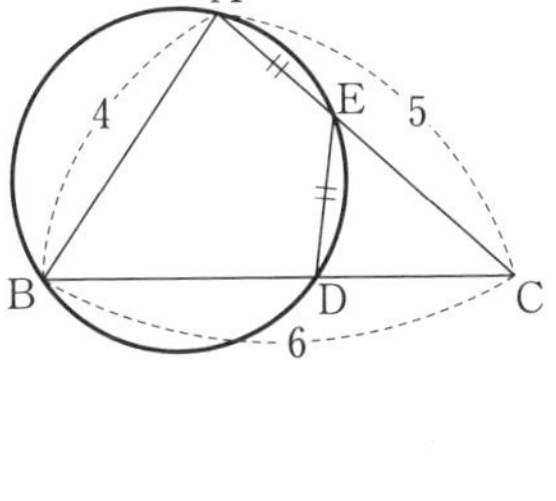

138

2 円の接線と弦の作る角

1 円の接線

円の接線は，接点を通る半径に垂直である。円外の点からその円に接線を引いたとき，円外の点と接点との距離を **接線の長さ** という。

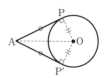

2 接線と弦の作る角

円の接線とその接点を通る弦の作る角は，その角の内部にある弧に対する円周角に等しい。

A

□*186 右の図のように，四角形 ABCD が円 O に外接するとき，辺 BC の長さを求めよ。
教 p.91 練習5

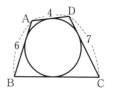

□187 次の各図について，いずれも AT は円 O の接線であり，点 A はその接点である。角 α，β の値をそれぞれ求めよ。
教 p.92 練習6

*(1)
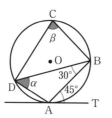

*(2)
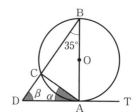

(3)
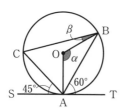

(4)
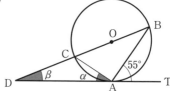

□*188 中心が O，半径が 5 の円に円外の点 P から引いた接線
の接点を A，B とする。AB＝8 であるとき，線分 OP
の長さを求めよ。　　　　　　　（教）p.91)

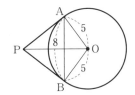

□189 右の図のような台形 ABCD が円 O に外接するとき，
辺 AD と BC の長さを求めよ。　　（教）p.91 練習 5)

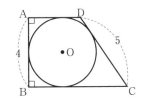

□190 右の図において，$\overarc{AB}:\overarc{BC}=2:3$，AD＝DC であり，
直線 CE は C で円 O に接している。
∠DCE＝50° のとき，次の角の大きさを求めよ。
(1)　∠ADC　　　　　　　　　（教）p.92 練習 6)
(2)　∠BAD

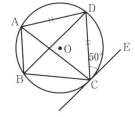

□191 円 O に内接する四角形 ABCD があり，BC＝CD である。
頂点 C における円 O の接線と AB の延長との交点を E と
する。BC：BE＝3：2 のとき，面積比△ADC：△CBE を
求めよ。　　　　　　　　　　（教）p.92 練習 6)

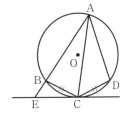

□192 △ABC の外接円の点 A における接線と
直線 BC との交点を P，∠APB の二等
分線と辺 AB，AC との交点をそれぞれ
Q，R とする。
このとき，△AQR は二等辺三角形であ
ることを証明せよ。

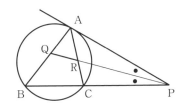

3 方べきの定理

方べきの定理(1)

円の 2 つの弦 AB，CD またはそれらの延長が，点 P で交わるとき，次の式が成り立つ。

PA・PB＝PC・PD

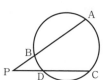

方べきの定理(2)

円の弦 AB の延長と円周上の点 T における接線が，点 P で交わるとき，次の式が成り立つ。

$PT^2＝PA・PB$

方べきの定理(1)，(2)は，逆も成り立つ。

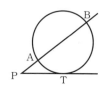

A

□ **193** 次の図において，x の値をそれぞれ求めよ。

教 p.93 練習 7

*(1)
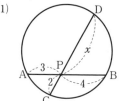

*(2)
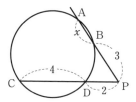

(3)
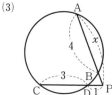

(4)
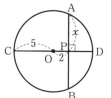

□ **194** 次の図において，x の値をそれぞれ求めよ。ただし，PT は円 O の接線，T は接点である。

教 p.94 練習 8

*(1)
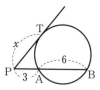

(2)

(3)

□*195 2円O, O′ が2点A, Bで交わるとき, 直線BAのAの
方への延長上に点Pを取り, 点Pから円O, O′ に接線
PS, PT (S, T は接点) を引くと, PT＝6であった。
次の問いに答えよ。　　　　　　　　　⊛p.94 練習9

(1) PS の長さを求めよ。

(2) AB＝5のとき, PA の長さを求めよ。

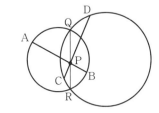

□*196 右の図のように, 2点Q, Rで交わる2つの円が
ある。
線分QR上に点Pをとり, 点Pを通る2つの円そ
れぞれの弦をAB, CDとする。このとき, 4点A,
B, C, Dは同一円周上にあることを証明せよ。

⊛p.95 練習10

B

□197 次の問いに答えよ。　　　　　　　　　　　（⊛p.93 練習7)

*(1) 半径3の円Oの外部の点Pを通る直線と円Oとの交点をPに近い方から順にA,
Bとする。OP＝9, PA＝8のとき, 弦 AB の長さはいくらか。

(2) 点Oを中心とする半径2の円の内部の点Pを通る弦 AB について, PA・PB＝1
のとき, 線分OP の長さを求めよ。

C

□198 円Oの外部の点Pから円Oに2本の接線を
引き, 接点をそれぞれA, Bとする。線分
PA の中点MとBを結ぶ線分MBと円O
との交点をC, 直線PCと円Oの交点のう
ちCと異なる点をDとする。
次の問いに答えよ。

(1) ∠MPC＝∠MBP であることを示せ。

(2) ∠APB＝60°, PA＝3であるとき,
BD の長さと, 円Oの半径を求めよ。

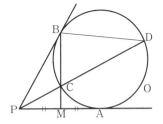

4　2つの円

教 p.96〜97

1　2つの円の位置関係　　2　2つの円の共通接線

異なる2つの円の半径をそれぞれ r, r' $(r>r')$ とし，中心間の距離を d とする。

離れている $d>r+r'$	外接している $d=r+r'$	2点で交わる $r-r'<d<r+r'$
共通接線は4本	共通接線は3本	共通接線は2本

内接している $d=r-r'$	一方が他方の内部 $d<r-r'$
共通接線は1本	共通接線は0本

A

□*199　2点 A，B を中心とする円の半径をそれぞれ 2，r とする。
　　　　AB=5 のとき，次の問いに答えよ。　　　　　　　教 p.97 練習 11

(1)　2つの円が外接するとき，および一方が他方に内接するときの r の値をそれぞれ
　　　求めよ。

(2)　2つの円が2点で交わるとき，離れているとき，一方が他方の内部にあるとき
　　　の r の値の範囲をそれぞれ求めよ。

□*200　2つの円 O_1，O_2 の半径がそれぞれ 5，3 で
　　　　中心間の距離が 12 のとき，次の図の共通
　　　　接線の接点間の距離 PP' と QQ' を求めよ。

教 p.97 練習 12

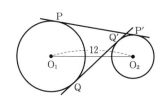

B

□*201　点 A を中心とする半径が a の円 A，点 B を中心とする半径が b の円 B があり，これらの中心間の距離を d とする。次の場合の 2 つの円の位置関係と共通な接線の数をそれぞれ求めよ。　　　　　　　　　　　　　　（教 p.96〜97）

(1)　$a=3$，$b=4$，$d=5$　　　　　　(2)　$a=5$，$b=3$，$d=9$

(3)　$a=2$，$b=4$，$d=6$　　　　　　(4)　$a=6$，$b=2$，$d=3$

□202　右の図のように，半径が 5 である円 O_1 と半径が 3 である円 O_2 がある。これら 2 つの円の中心を通る直線と円 O_1 の交点のうち，円 O_2 から遠い方の交点 P から円 O_2 に 2 本の接線を引く。その両方に接し，円 O_1 に内接する円を O_3 とする。2 つの円 O_1，O_2 の中心間の距離が 12 のとき，円 O_3 の半径を求めよ。　　　　　　　　　　　　　　（教 p.97 練習 12）

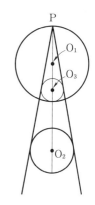

C

□203　右の図において，円 O_1 は ∠C＝90° の直角三角形 ABC に内接している。また，円 O_2 は円 O_1 に外接し，辺 AB，AC にそれぞれ接している。
このとき，次の長さを求めよ。

(1)　円 O_1 の半径

(2)　円 O_2 の半径

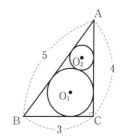

□*204　右の図のように，半径が 2 である円 O の内部に，直径が 2 である 2 つの円 O_1，O_2 がそれぞれ内接している。円 O_3 は 2 つの円 O_1，O_2 に外接し，かつ円 O に内接している。このとき，円 O_3 の半径を求めよ。

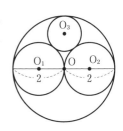

|**3**節 作図

□1 **基本の作図**

作図：定規とコンパスだけを使って，与えられた条件に適する図形をかくこと。

［1］ 等しい角の作図　　　　　　　　　　　［2］ 角の二等分線の作図

 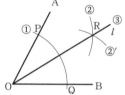

［3］ 線分の垂直二等分線の作図　　　　　　［4］ 垂線の作図

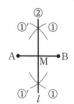 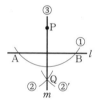

［5］ 円の接線の作図　　　　　　　　　　　［6］ 平行線の作図

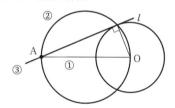 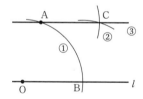

［7］ 内分点の作図，外分点の作図

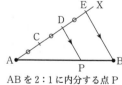 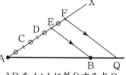

ABを2：1に内分する点P　　　　ABを4：1に外分する点Q

2

3節 作図

A

□*205 次の問いに答えよ。　　　　　　　　　　　　　　㊙ p.99 練習 1

(1) △ABC の外心を作図せよ。　　　(2) △ABC の垂心を作図せよ。

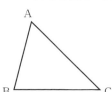 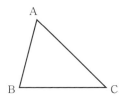

□*206 右の図の点 C を通り，直線 l 上の点 T で直線 l に接する円
を作図せよ。

㊙ p.99 練習 2

□*207 右の図の線分 AB を 3：2 に内分する点，外分する点を作図
せよ。

㊙ p.100 練習 3

□208 右の図の線分 AB の長さが 1 であるとき，長さが $\dfrac{2}{3}$ である

線分と，$\dfrac{5}{3}$ である線分を作図せよ。　　㊙ p.101 練習 4

□*209 右の図において，AB＝1，BC＝3 であるとき，長さ $\sqrt{3}$
の線分を作図せよ。

㊙ p.102 練習 5

B

□210 右の図の円 O 上の点 A を通る，円 O の接線を作図せよ。

(㊙ p.99)

4節 空間図形

① **2直線の位置関係**

[1]　交わる　　　　　　　　[2]　平行　　　　　　　　　[3]　ねじれの位置にある

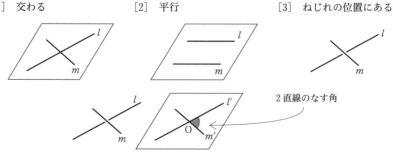

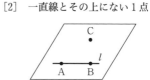

2直線のなす角

$l /\!/ l'$,　$m /\!/ m'$

異なる3直線 l, m, n について「$l /\!/ m$ かつ $m /\!/ n \implies l /\!/ n$」

② **平面の決定**

空間において，次の [1]，[2]，[3]，[4] のそれぞれで，平面がただ1つ決定する。

[1]　一直線上にない3点　　　　　　　　　[2]　一直線とその上にない1点

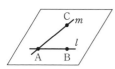

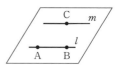

[3]　交わる2直線　　　　　　　　　　　　[4]　平行な2直線

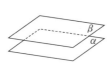

③ **2平面の位置関係**

[1]　交わる　　　　　　[2]　平行（$\alpha /\!/ \beta$）

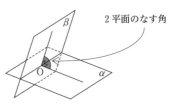

交線

2平面のなす角

4 直線と平面の位置関係

[1] 直線 l が平面 α 上にある　　[2] 直線 l は平面 α と交わる　　[3] 平行 $(l /\!/ \alpha)$

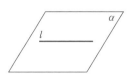 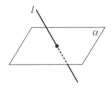 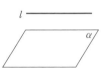

直線 l が平面 α 上のすべての直線と垂直であるとき，
l は α と垂直であるといい，$l \perp \alpha$ と表す。

※　直線 l が平面 α 上の交わる2直線 a, b それぞれに垂直ならば，
$l \perp \alpha$ となる。

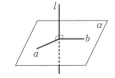

5 三垂線の定理

平面 α とその上にない点Aがあり，α 上に直線 l と l 上
にない点Oがある。

l 上の1点をBとするとき，次のことが成り立つ。

① OA$\perp\alpha$, OB$\perp l$ ならば AB$\perp l$

② OA$\perp\alpha$, AB$\perp l$ ならば OB$\perp l$

③ AB$\perp l$, OB$\perp l$, OA$\perp$OB ならば OA$\perp\alpha$

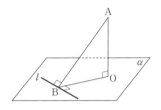

 A

□ **211** 右の図の直方体 ABCD－EFGH において，
AB＝AE＝1，AD＝$\sqrt{3}$ であるとき，
次の2直線のなす角の大きさを求めよ。

(1) AB，EH　　　　　教 p.104 練習1

*(2) AB，FH

*(3) BD，EG

(4) AB，DG

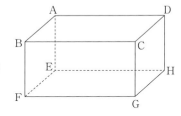

□ **212** 空間において，次の事柄は正しいといえるか。　　教 p.105 練習2

(1) 異なる平面 α, β, γ について，$\alpha /\!/ \beta$, $\alpha /\!/ \gamma$ ならば，$\beta /\!/ \gamma$

(2) 異なる平面 α, β, γ について，$\alpha \perp \beta$, $\alpha \perp \gamma$ ならば，$\beta /\!/ \gamma$

2

4節 空間図形

□ **213** 右の図の直方体 ABCD-EFGH において，AB＝AE
であるとする。次の 2 平面のなす角の大きさを求め
よ。 ㊙ p.105 練習 3

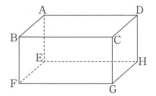

(1) 平面 ABCD と平面 ABFE

*(2) 平面 ABCD と平面 AFGD

□ ***214** 四面体 OABC において，頂点 O から平面 ABC に垂線 OH を下ろす。
点 H が △ABC の内心と一致するものとし，△ABC の内接円と辺 BC との接点を
P とする。次の問いに答えよ。 ㊙ p.106 練習 4

(1) 直線 BC と平面 OHP が垂直であることを示せ。

(2) OP⊥BC であることを示せ。

□ ***215** 直方体 ABCD-EFGH において，頂点 A から直線 FH に垂線 AK を下ろす。この
とき，EK⊥FH となることを証明せよ。 ㊙ p.107

▶ **B** ▶

□ **216** A，B，C，D は同一平面上にない空間の 4 点とし，線分 BC，CA，AB，AD，
BD，CD の中点をそれぞれ L，M，N，L′，M′，N′ とする。
次の （ ） の中に「ねじれの位置にある」，「平行である」，「交わる」のうち最も適
するものを記入せよ。 (㊙ p.103)

*(1) 2 直線 LL′ と AC は （ ） (2) 2 直線 LM と L′M′ は （ ）

*(3) 2 直線 LL′ と MM′ は （ ） (4) 2 直線 MM′ と NN′ は （ ）

□ **217** 立方体 ABCD-EFGH において，次の問いに答えよ。
(㊙ p.106 練習 4)

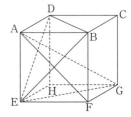

(1) 直線 BD と平面 AEG は垂直であることを示せ。

(2) 直線 BE と平面 AFG は垂直であることを示せ。

(3) (1)，(2)を用いて，直線 AG と平面 BDE は垂直
であることを示せ。

C

例題 15

直方体 ABCD-EFGH において，AB＝3，AD＝4，AE＝2のとき，△AFH の面積を求めよ。

解答 E から直線 FH に垂線 EI を引くと，

AE⊥平面 EFGH であるから，

三垂線の定理より　AI⊥FH

∠FEH＝90° であるから

　　　FH＝$\sqrt{3^2+4^2}$＝5

△EFH の面積を考えると

$\dfrac{1}{2}×3×4=\dfrac{1}{2}×5×\text{EI}$　より　$\text{EI}=\dfrac{12}{5}$

∠AEI＝90°　より　$\text{AI}=\sqrt{2^2+\left(\dfrac{12}{5}\right)^2}=\dfrac{2\sqrt{61}}{5}$

よって　$\triangle\text{AFH}=\dfrac{1}{2}×5×\dfrac{2\sqrt{61}}{5}=\sqrt{61}$　**答**

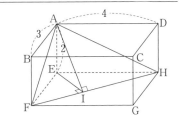

□ **218** 図のように三角錐 OABC があって，直線 OA は平面 ABC に垂直，かつ OA＝1，AB＝2，BC＝3，CA＝$\sqrt{7}$ である。

(1)　点 A から直線 BC に下ろした垂線 AH の長さを求めよ。

(2)　∠OHA の大きさを求めよ。

(3)　△OBC の面積を求めよ。

(4)　点 A から平面 OBC に下ろした垂線の長さを求めよ。

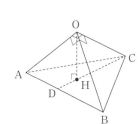

□ **219** 四面体 OABC において，OA＝OB＝OC，∠AOB＝∠BOC＝∠COA＝90° である。

点 O から△ABC に下ろした垂線の足を H とし，直線 CH と AB の交点を D とする。

このとき，CD⊥AB であることを示せ。

教 p.108〜110

2 **多面体**

1 **正多面体**

次の 2 つの性質をもつ，へこみの無い多面体。

① 各面がすべて合同な正多角形である。

② 各頂点に集まる面の数がすべて等しい。

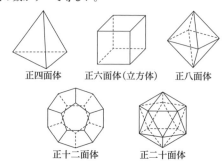

正四面体　　正六面体(立方体)　　正八面体

正十二面体　　　　正二十面体

2 **オイラーの多面体定理**

凸多面体の頂点の数を v，辺の数を e，面の数を f とすると

$$v-e+f=2$$

3 **正四面体の性質**

正四面体 OABC において，頂点 O から平面 ABC へ下ろした垂線を OH とすると，点 H は △ABC の外心と一致する。

△ABC は正三角形なので，H は △ABC の重心・内心・垂心でもある。

A

□ *220 右の図は，合同な正三角形 6 個からなる六面体である。

教 p.109 練習 6

(1) この立体が正多面体ではない理由を述べよ。

(2) この立体について，頂点の数，辺の数を調べよ。

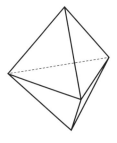

□ *221 **220** の立体について，オイラーの多面体定理が成り立つことを確かめよ。 教 p.109 練習 7

□*222 四面体 OABC において，OA＝OB＝OC＝3，
AB＝BC＝CA＝2，頂点 O より底面 ABC に下ろした垂線
の足を H とするとき，次の問いに答えよ。　㊙p.110 練習8

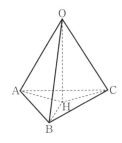

(1) H は△ABC の重心であることを示せ。

(2) 四面体 OABC の体積を求めよ。

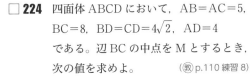

□223 四面体 ABCD において
　　∠ABC＝∠ABD＝90°，∠ADB＝30°
　　∠BCD＝60°，∠ADC＝60°，AD＝2
とするとき，次の問いに答えよ。

㊙p.110 練習8

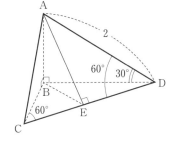

(1) 頂点 A から辺 CD に垂線 AE を下ろし
　　たとき，AE と BE の長さを求めよ。

(2) BC と CE の長さを求めよ。

(3) 頂点 B から平面 ACD に下ろした垂線
　　の長さ h を求めよ。

□224 四面体 ABCD において，AB＝AC＝5，
BC＝8，BD＝CD＝$4\sqrt{2}$，AD＝4
である。辺 BC の中点を M とするとき，
次の値を求めよ。　㊙p.110 練習8

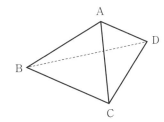

(1) △AMD の面積

(2) 四面体 ABCD の体積

□ **225** AB＝3，BC＝4，CA＝5 である△ABC について，次の問いに答えよ。

(1) △ABC の内接円の中心を O とし，円 O が 3 辺 BC，CA，AB と接する点を
それぞれ P，Q，R とする。OP，QR の長さを求めよ。

(2) 円 O と線分 AP との交点のうち P と異なる方を S とする。AP，SP の長さを
求めよ。

(3) 点 S から辺 BC に垂線 SH を引く。HP，SH の長さを求めよ。

□ **226** △ABC において，BC＝4，∠B＝30°
である。点 C から直線 AB に引いた垂
線と直線 AB との交点を H とする。
辺 BC の中点を M とし，直線 AC は
3 点 A，B，M を通る円と点 A で接し
ている。
直線 AC と HM の交点を K，直線
BK と HC の交点を L とするとき，
CL の長さと△KCH の面積を求めよ。

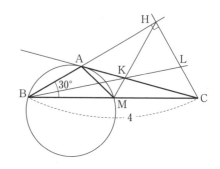

□ **227** 1 辺の長さが 1 の正方形 ABCD の辺 BC を 1：3
に内分する点を E とする。D を中心とする半径 1
の円と，線分 DE との交点を F とする。点 F に
おけるこの円 D の接線と辺 AB，BC との交点を
それぞれ G，H とする。さらに，直線 GE と BD
との交点を I とする。
このとき，次の問いに答えよ。

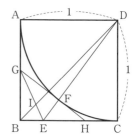

(1) EC，ED，EF の長さを求めよ。

(2) I は△BGH の内心であることを示せ。

(3) AG と CH の長さを求めよ。

☐ **228** 図のような一辺の長さが3の正八面体 ABCDEF がある。
AB を 1：2 に内分する点を P とし，AC，AE を 2：1
に内分する点をそれぞれ Q，R とする。このとき，次の
問いに答えよ。

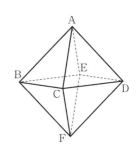

(1) 3点 P，Q，R を通る平面は，辺 AD に平行である
　　ことを示せ。

(2) (1)の平面で正八面体を切ったときにできる切り口は
　　何角形か，また，その多角形の各辺の長さを求めよ。

☐ **229** 実さんと教子さんは，正四面体 ABCD の各辺の中点を，
右の図のように E，F，G，H，I，J としたときに成り
立つ性質について考えている。

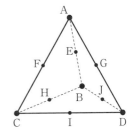

(1) 実さんは，線分 EI と辺 CD が垂直になるのでは，
　　と考えた。
　　辺 CD が2つの線分 AI，BI それぞれと垂直であるこ
　　とから，実さんの考えが正しいことを示してみよう。

(2) 教子さんは，実さんの考察をもとに，正四面体でない場合についても考えるこ
　　とにした。
　　四面体 ABCD において，辺 AB，CD の中点をそれぞれ E，I とするとき，
　　EI⊥CD がつねに成り立つための条件について考えた。

　　　　　条件(I)：AC＝AD，BC＝BD

　　　　　条件(II)：BC＝AD，AC＝BD

　　四面体 ABCD において，EI⊥CD が成り立つ条件について正しく述べたものを，
　　次の①〜④のうちから一つ選べ。

　　① 条件(I)，条件(II)のいずれの条件のもとでもつねに成り立つ。

　　② 条件(I)のもとでは常に成り立つが，条件(II)のもとでは必ずしも成り立つとは
　　　限らない。

　　③ 条件(II)のもとでは常に成り立つが，条件(I)のもとでは必ずしも成り立つとは
　　　限らない。

　　④ 条件(I)，(II)のどちらの条件のもとでも成り立つとは限らない。

3章 数学と人間の活動

1節 数と人間の活動

1 記数法

2進法：0，1の数字のみを用いてすべての数を表す方法

(例) $101_{(2)} = 1 \cdot 2^2 + 0 \cdot 2^1 + 1 \cdot 2^0 = 5$

$1110_{(2)} = 1 \cdot 2^3 + 1 \cdot 2^2 + 1 \cdot 2^1 + 0 \cdot 2^0 = 14$

2進法の加法と乗法

加法　$0_{(2)} + 0_{(2)} = 0_{(2)}$　　　$0_{(2)} + 1_{(2)} = 1_{(2)}$

$1_{(2)} + 0_{(2)} = 1_{(2)}$　　　$1_{(2)} + 1_{(2)} = 10_{(2)}$

乗法　$0_{(2)} \times 0_{(2)} = 0_{(2)}$　　　$0_{(2)} \times 1_{(2)} = 0_{(2)}$

$1_{(2)} \times 0_{(2)} = 0_{(2)}$　　　$1_{(2)} \times 1_{(2)} = 1_{(2)}$

+	0	1
0	0	1
1	1	10

×	0	1
0	0	0
1	0	1

2進法の有理数

$0.011_{(2)} = 0 \cdot \left(\dfrac{1}{2}\right)^1 + 1 \cdot \left(\dfrac{1}{2}\right)^2 + 1 \cdot \left(\dfrac{1}{2}\right)^3 = \dfrac{3}{8}$

$\dfrac{3}{8} = \dfrac{2^1+1}{2^3} = 0 \cdot \left(\dfrac{1}{2}\right)^1 + 1 \cdot \left(\dfrac{1}{2}\right)^2 + 1 \cdot \left(\dfrac{1}{2}\right)^3 = 0.011_{(2)}$

n進法：0，1，2，……，$n-1$のn個の数字のみを用いて表す方法

(例) $1010_{(3)} = 1 \cdot 3^3 + 0 \cdot 3^2 + 1 \cdot 3^1 + 0 \cdot 3^0 = 30$

$123_{(4)} = 1 \cdot 4^2 + 2 \cdot 4^1 + 3 \cdot 4^0 = 27$

$12.34_{(5)} = 1 \cdot 5^1 + 2 \cdot 5^0 + 3 \cdot \left(\dfrac{1}{5}\right)^1 + 4 \cdot \left(\dfrac{1}{5}\right)^2 = 7.76$

A

□ **230** 次の2進法で表された数を10進法で表せ。　　教 p.119 練習3

*(1) $100_{(2)}$　　　(2) $1011_{(2)}$　　　*(3) $11011_{(2)}$　　　(4) $100101_{(2)}$

□ **231** 次の10進法で表された数を2進法で表せ。　　教 p.120 練習4

*(1) 10　　　(2) 25　　　*(3) 135　　　(4) 200

□ **232** 次の計算をし，結果を2進法で表せ。　　教 p.121 練習5

(1) $11_{(2)} + 110_{(2)}$　　*(2) $1011_{(2)} + 101_{(2)}$　　*(3) $1101_{(2)} + 1010_{(2)}$

*(4) $11_{(2)} \times 101_{(2)}$　　(5) $1011_{(2)} \times 1101_{(2)}$　　*(6) $11001_{(2)} \times 111010_{(2)}$

□ **233** 次の数を10進法で表せ。　　教 p.121 練習6

*(1) $221_{(3)}$　　　(2) $133_{(4)}$　　　*(3) $241_{(5)}$

*(4) $504_{(6)}$　　　(5) $165_{(7)}$　　　(6) $286_{(9)}$

□ **234** 次の数を[ ]内の表記にせよ。

⊗ p.121 練習 7

    *(1) 16 [3進法]   (2) 100 [4進法]   *(3) 117 [5進法]

    (4) 95 [6進法]   *(5) 201 [7進法]   (6) 333 [9進法]

◀ **C** ▶

例題 16

次の計算をし，結果を2進法で表せ。

  (1) $10100_{(2)} - 1001_{(2)}$ (2) $10101_{(2)} \div 11_{(2)}$

解答 右の計算より

  (1) $10100_{(2)} - 1001_{(2)}$

    $= \mathbf{1011}_{(2)}$

  (2) $10101_{(2)} \div 11_{(2)}$

    $= \mathbf{111}_{(2)}$

$$
\begin{array}{r}
10100 \\
-)\ \ 1001 \\
\hline
1011
\end{array}
\qquad
\begin{array}{r}
111 \\
11\overline{)10101} \\
\underline{11} \\
100 \\
\underline{11} \\
11 \\
\underline{11} \\
0
\end{array}
$$

3

1節 数と人間の活動

□ **235** 次の計算をし，結果を2進法で表せ。

  (1) $101_{(2)} - 11_{(2)}$ (2) $1101_{(2)} - 111_{(2)}$ (3) $10010_{(2)} - 1001_{(2)}$

  (4) $110_{(2)} \div 10_{(2)}$ (5) $1010_{(2)} \div 101_{(2)}$ (6) $11110_{(2)} \div 110_{(2)}$

例題 17

  (1) $0.1101_{(2)}$ を10進法の分数で表せ。   (2) $\dfrac{3}{4}$ を2進法の小数で表せ。

解答 (1) $0.1101_{(2)} = 1 \cdot \left(\dfrac{1}{2}\right)^1 + 1 \cdot \left(\dfrac{1}{2}\right)^2 + 0 \cdot \left(\dfrac{1}{2}\right)^3 + 1 \cdot \left(\dfrac{1}{2}\right)^4 = \dfrac{13}{16}$ **答**

    (2) $\dfrac{3}{4} = \dfrac{1 \cdot 2^1 + 1 \cdot 2^0}{2^2} = 1 \cdot \left(\dfrac{1}{2}\right)^1 + 1 \cdot \left(\dfrac{1}{2}\right)^2 = \mathbf{0.11}_{(2)}$ **答**

□ **236** 次の数を10進法の分数で表せ。

  (1) $0.101_{(2)}$ (2) $0.121_{(3)}$ (3) $0.321_{(4)}$

  (4) $0.43_{(5)}$ (5) $0.024_{(6)}$ (6) $0.343_{(7)}$

□ **237** 次の分数を[ ]内の表記の小数で表せ。

  (1) $\dfrac{1}{8}$ [2進法]   (2) $\dfrac{23}{32}$ [2進法]

  (3) $\dfrac{7}{9}$ [3進法]   (4) $\dfrac{14}{25}$ [5進法]

2 進法で表すと 10 桁である自然数 N がある。この自然数を 4 進法で表すと何桁の数になるか。

考え方 p 進法で表したとき, n 桁の自然数 N は $p^{n-1} \le N < p^n$ と表せる。

解答 自然数 N は $2^9 \le N < 2^{10}$ の範囲にある。

$2^9 = 2 \cdot 2^8 = 2 \cdot (2^2)^4 = 2 \cdot 4^4$ ◄─── 4 進法に直すために 2^9 と 2^{10} を $a \cdot 4^n$ の形で表す。

$2^{10} = (2^2)^5 = 4^5$ であるから

$2 \cdot 4^4 \le N < 4^5$

よって, N を 4 進法で表すと **5 桁**の数である。 **答**

別解 2 進法で表すと 10 桁である自然数のうち, 最小の数を 10 進法で表すと

$1000000000_{(2)} = 2^9 = 512$

2 進法で表すと 10 桁である自然数のうち, 最大の数を 10 進法で表すと

$1111111111_{(2)} = 10000000000_{(2)} - 1_{(2)} = 2^{10} - 1 = 1023$

よって $512 \le N \le 1023$

ここで $512 = 20000_{(4)}$, $1023 = 33333_{(4)}$

であるから $20000_{(4)} \le N \le 33333_{(4)}$

ゆえに, N を 4 進法で表すと **5 桁**の数である。 **答**

238 3 進法で表すと 12 桁である自然数 N を, 9 進法で表すと何桁の数になるか。

239 自然数のうち, 10 進法で表しても 6 進法で表しても, 3 桁になるものは全部で何個あるか。

10 進法で表された 2 桁の自然数 N を 4 進法で表したところ, 数字の並びが反対の順になった。この自然数を 10 進法で表せ。

考え方 N を 10 進法で $10a+b$ と表すと, 4 進法では $ba_{(4)} = 4b+a$ と表せる。

解答 N を 10 進法で表したとき, 10 の位の数を a, 1 の位の数を b とすると

4 進法で表すと $ba_{(4)}$ であるから

$N = 10a + b = 4b + a$ （ただし, $1 \le a \le 3$, $1 \le b \le 3$ ……①）

よって, $9a = 3b$ より $3a = b$

①の範囲でこれを満たすのは $a=1$, $b=3$

ゆえに $N = 10 \cdot 1 + 3 = \mathbf{13}$ **答**

240 4 進法で表された 2 桁の自然数を 7 進法で表したところ, 数字の並び方が反対の順になった。この自然数を 10 進法で表せ。

2 約数と倍数

p.122〜129

1 約数と倍数

2つの整数 a, b について，$a=bk$ を満たす整数 k が存在するとき，

b は a の約数，a は b の倍数である。

2 倍数の判定法

2の倍数……一の位が 0, 2, 4, 6, 8 のいずれか

5の倍数……一の位が 0 または 5

3の倍数……各桁の数の和が3の倍数

9の倍数……各桁の数の和が9の倍数

4の倍数……下2桁が4の倍数

8の倍数……下3桁が8の倍数

3 素因数分解

素因数分解……自然数を素因数の積の形で表すこと。

n が素数　⇔ n の正の約数が1と n の2個

n が合成数 ⇔ n の正の約数が3個以上

（1は素数でも合成数でもない）

4 正の約数の個数

$N=a^x b^y c^z\cdots$（a, b, c は素数）と素因数分解された自然数 N の

約数の個数は　$(x+1)(y+1)(z+1)\cdots$（個）

5 最大公約数と最小公倍数

自然数 a, b について

a と b の公約数の中で最大の数を，a と b の最大公約数

a と b の正の公倍数の中で最小の数を，a と b の最小公倍数　という。

6 互いに素

2つの自然数 a, b の最大公約数が1であるとき，a, b は互いに素であるという。

7 最大公約数の性質

異なる2つの自然数 a, b の最大公約数が G ならば

$a=Ga'$, $b=Gb'$（a', b' は互いに素）　と表せる。

a, b の最小公倍数を L とすると　$L=a'b'G$, $ab=GL$

────────────◆ A ◆────────────

241 次の数から 30 の約数をすべて選べ。　　　　　　　　　　　　教 p.122 練習8

$$-6,\ -5,\ -4,\ -3,\ -2,\ -1,\ 0,\ 1,\ 2,\ 3,\ 4,\ 5,\ 6$$

242 次の数の約数をすべてかけ。　　　　　　　　　　　　　　　教 p.122 練習9

*(1)　28　　　　　　　　*(2)　-24　　　　　　　(3)　91

□**243** 整数 a が 4 の倍数，整数 b が 6 の倍数ならば，$3a-ab+b^2$ は 12 の倍数であること
を証明せよ。　　　　　　　　　　　　　　　　　　　　　　　　㉚p.123 練習 10

□**244** 3 桁の自然数 N の百，十，一の位の数をそれぞれ a, b, c とする。$a-b+c$ が 11 の
倍数のとき，N は 11 の倍数であることを示せ。　　　　　　　㉚p.123 練習 11

□**245** 次の数を素因数分解せよ。　　　　　　　　　　　　　　　　　㉚p.124 練習 12

　　*(1)　60　　　　　　(2)　78　　　　　　*(3)　154　　　　　(4)　1001

□**246** 次の問いに答えよ。　　　　　　　　　　　　　　　　　　　　㉚p.125 練習 13

　　(1)　264 を素因数分解せよ。

　　(2)　$\sqrt{264n}$ が自然数となるような最小の自然数 n を求めよ。

□**247** 次の数の正の約数の個数を求めよ。　　　　　　　　　　　　　㉚p.125 練習 14

　　*(1)　48　　　　　　　　*(2)　180　　　　　　　(3)　210

□**248** 次の 2 つの数の最大公約数と最小公倍数を求めよ。　　　　　　㉚p.126 練習 15

　　(1)　52, 117　　　　　　　　　　　(2)　324, 504

□**249** 縦，横の長さがそれぞれ 20 cm，28 cm の長方形の紙 A がある。次の問いに答えよ。

　　(1)　一辺の長さが n cm の正方形の紙 B を紙 A にすきまなく　　㉚p.126 練習 16
　　　　しきつめる。このようにできる自然数 n の最大値を求めよ。

　　(2)　紙 A を 1 辺の長さが N cm の正方形の紙 C にすきまなくしきつめる。
　　　　このようにできる自然数 N の最小値を求めよ。

□**250** 次の 3 つの数の最大公約数と最小公倍数を求めよ。　　　　　　㉚p.127 練習 17

　　*(1)　56, 72, 84　　　　　　　　　(2)　98, 126, 294

□**251** 次の数の組について，正の公約数の個数を求めよ。　　　　　　㉚p.127 練習 18

　　(1)　36, 48　　　　　　　　　　　*(2)　135, 225, 315

□**252** n を正の整数とする。n と 18 の最小公倍数が 252 となるような n をすべて求めよ。

　　　　　　　　　　　　　　　　　　　　　　　　　　　　　　　　㉚p.128 練習 19

□**253** 次の分数のうち，既約分数であるものをすべて選べ。　(教) p.128 練習 20

$$\frac{4}{15}, \quad \frac{38}{57}, \quad \frac{29}{143}, \quad \frac{67}{159}, \quad \frac{26}{221}$$

□**254** 2つの自然数 a, b の和が 96，最大公約数が 8 であるとき，a, b をすべて求めよ。ただし，$a<b$ とする。　(教) p.129 練習 21

◀ B ▶

□**255** $N=168$ とするとき，次の問いに答えよ。　(教) p.125 練習 13)

(1) N に自然数 n をかけて，ある整数の平方にするとき，n の最小値を求めよ。

(2) N に自然数 n をかけて，ある整数の立方（3乗）にするとき，n の最小値を求めよ。

□**256** 正の約数の個数がちょうど 6 個となる自然数 n の最小値を求めよ。　(教) p.125 練習 14)

□**257** $\dfrac{56}{45}$ をかけても $\dfrac{42}{25}$ をかけても整数になる正の有理数のうち，最小のものを求めよ。

(教) p.126)

□**258** 次の条件を満たす 2 つの自然数 a, b をすべて求めよ。ただし，$a<b$ とする。

(1) 最大公約数が 15 で，最小公倍数が 150 である。　(教) p.129 練習 21)

(2) 最小公倍数が 120 で，積が 1440 である。

◀ C ▶

□**259** 3 つの自然数 a, b, c が次の条件を満たすとき，a, b, c の値を求めよ。ただし，$a<b<c$ とする。

(A) a, b, c の最大公約数は 6

(B) b と c の最大公約数は 24，最小公倍数は 144

(C) a と b の最小公倍数は 240

□**260** 1 から 100 までの自然数 n について，次の問いに答えよ。

(1) 7 と互いに素である自然数は何個あるか。

(2) 6 と互いに素である自然数は何個あるか。

160

3　整数の割り算と商・余り

教 p.130〜133

1　**整数の割り算と商・余り**

整数 a と自然数 b について，$a=bq+r$（q, r は整数で，$0\leqq r<b$）のとき，
a を b で割ったときの商は q，余りは r

2　**余りによる整数の分類**

整数は，自然数 n で割った余りを考えると，k を整数として
nk, $nk+1$, $nk+2$, ……, $nk+(n-1)$ のいずれかの形で表される。

3　**連続する整数の積**

連続する2つの整数の積は偶数
連続する3つの整数の積は6の倍数

A

261 次の a, b について，a を b で割ったときの商と余りを求めよ。　教 p.130 練習 22

(1)　$a=-8$, $b=5$　　　　　　　　*(2)　$a=-50$, $b=7$

*(3)　$a=-115$, $b=12$　　　　　　(4)　$a=-991$, $b=15$

262 2つの自然数 a, b を4で割った余りがそれぞれ2, 3であるとき，次の数を4で割った余りを求めよ。　教 p.131 練習 23

*(1)　$a+b$　　　*(2)　ab　　　(3)　$3a+5b+1$　　(4)　a^2-b^2

263 次の問いに答えよ。　教 p.132 練習 24

*(1)　n が奇数のとき，n^2+3n は偶数であることを証明せよ。

(2)　n が3の倍数のとき，$2n^2-3n$ は9の倍数であることを証明せよ。

264 n が整数のとき，n^2 を4で割った余りは，0または1であることを証明せよ。　教 p.132 練習 25

265 次の問いに答えよ。　教 p.133 練習 26

*(1)　n が奇数のとき，n^2+4n+3 は8の倍数であることを証明せよ。

(2)　n が3の倍数のとき，n^2+3n は18の倍数であることを証明せよ。

266 n が整数のとき，n^3+3n^2+2n は6の倍数であることを証明せよ。　教 p.133 練習 27

B

267 a, b, c はそれぞれ5で割った余りが1, 2, 3である自然数である。$a+2b+3c$, abc を5で割った余りを求めよ。　(教 p.131 練習 23)

□ **268** n は自然数であり，$n+5$ は 7 の倍数，$n+7$ は 5 の倍数である。次の問いに答えよ。

(1) $n+12$ を 35 で割った余りを求めよ。

(2) このような n のうち，最小のものを求めよ。

例題 20

m, n は正の整数で，m を 5 で割ると 2 余り，m^2+n を 5 で割ると 3 余る。
このとき，n を 5 で割ったときの余りを求めよ。

〈考え方〉 a を b で割ったときの商を q，余りを r とすると，$a=bq+r$ となることを利用する。

解答 n を 5 で割った余りを r とすると，r は 0 以上 4 以下の整数であり
$$m=5q+2, \ n=5q'+r \quad (q, \ q' \text{ は負でない整数})$$
とおける。これから
$$m^2+n=(5q+2)^2+(5q'+r)$$
$$=5(5q^2+4q+q'+1)+r-1$$
$5q^2+4q+q'+1$ は整数であるから，$r-1=3$　　よって　$r=4$
ゆえに，n を 5 で割った余りは 4 **答**

□ **269** a, b は正の整数で，a を 4 で割ると 1 余り，a^2-b を 4 で割ると 2 余る。このとき，b を 4 で割ったときの余りを求めよ。

□ **270** 2 つの自然数 a と b がある。a と b の積を 3 で割ったときの余りが 2 であるとき，次のことを証明せよ。

(1) a, b はともに 3 の倍数でない。

(2) a と b の和は 3 の倍数である。

□ **271** n を自然数とするとき，n, $n+2$, $n+4$ がすべて素数になるのは $n=3$ のときだけであることを証明せよ。

□ **272** 次の問いに答えよ。

(1) 3 より大きいすべての素数は $6n\pm1$ (n は自然数) の形で表されることを証明せよ。

(2) p を 3 より大きい自然数とする。p と $p+2$ がともに素数のとき，$p+1$ は 6 の倍数であることを証明せよ。

162

4 ユークリッドの互除法と不定方程式

教 p.134〜140

1 割ったときの余りと最大公約数

自然数 a, b について，a を b で割ったときの商を q，余りを r とすると

$[a, b$ の最大公約数 $G]=[b, r$ の最大公約数 $G']$

$$a=bq+r$$

2 ユークリッドの互除法

2 つの自然数 a, b の最大公約数は，次の手順で求めることができる。

① a を b で割った余り r を求める。

② $r \neq 0$ ならば，a を b に，b を r に置きかえて①にもどる。

③ $r=0$ ならば，b は a と b の最大公約数である。

3 不定方程式 $ax=by$ の整数解

$ax=by$（a, b は互いに素）の解は $x=bk$, $y=ak$（k は整数）

4 不定方程式 $ax+by=c$ の整数解

$ax+by=c$（a, b は互いに素）の解は，まず，解 $x=x_0$, $y=y_0$ を 1 組求めて，

$a(x-x_0)=b(-y+y_0)$ と変形し，**3** に帰着させる。

5 不定方程式と互除法

不定方程式 $ax+by=1$（a, b は互いに素）を満たす 1 組の整数解は，

2 で，$r=1$ となるから，計算を逆にたどって求めることができる。

A

□ **273** ユークリッドの互除法を用いて，次の 2 つの数の最大公約数を求めよ。
教 p.135 練習 28

(1) 114, 78　　　　　　　　　(2) 378, 117

(3) 377, 299　　　　　　　　(4) 1001, 1189

□ **274** 次の不定方程式の整数解をすべて求めよ。
教 p.136 練習 29

*(1) $2x=3y$　　　*(2) $4x=-5y$　　　(3) $-3x=-6y$

□ **275** 次の不定方程式の整数解をすべて求めよ。
教 p.137 練習 30

(1) $7x-6y=0$　　*(2) $8x+24y=0$　　*(3) $-5x+9y=0$

□ **276** 次の不定方程式の整数解をすべて求めよ。
教 p.137 練習 31

*(1) $5x-4y=1$　　　　　　(2) $4x+7y=1$

(3) $5x-9y=2$　　　　　　*(4) $6x+5y=3$

□ **277** ユークリッドの互除法を用いて，次の不定方程式の整数解を 1 組求めよ。

*(1) $23x+10y=1$　　　　　(2) $15x+37y=1$
教 p.138 練習 32

(3) $41x+18y=1$　　　　　*(4) $29x+61y=1$

B

□ **278** 次の不定方程式の整数解をすべて求めよ。　　　　　　　　㊙p.139 練習 33

(1)　$11x+23y=7$　　　　　　　　(2)　$19x+17y=3$

(3)　$47x-36y=5$　　　　　　　　(4)　$27x-59y=-4$

□ **279** 次の条件を満たす 3 桁の自然数 n のうち，最大の数を求めよ。　　㊙p.140 練習 34

(1)　8 で割っても，11 で割っても 7 余る。

(2)　22 で割ると 5 余り，13 で割ると 9 余る。

□ **280** 次の分数を既約分数で表せ。　　　　　　　　　　　　　　　(㊙)p.135 練習 28)

(1)　$\dfrac{906}{1057}$　　　　　　　　　　　(2)　$\dfrac{5331}{8885}$

C

□ **281** 1 本 85 円の鉛筆と 1 本 100 円のボールペンを何本かずつ買ったら，合計 1125 円であった。それぞれ何本ずつ買ったか。

□ **282** 5 で割ると 2 余り，9 で割ると 7 余り，13 で割ると 1 余る最小の正の整数を求めよ。

例題 21

n が自然数のとき，n^2+n+1 と $n+1$ は互いに素であることを証明せよ。

〈考え方〉 互除法で n^2+n+1 と $n+1$ の最大公約数を考える。

解答　　　$n^2+n+1=(n+1)n+1$

と表せるから，n^2+n+1 と $n+1$ の最大公約数は　　◀

$n+1$ と 1 の最大公約数に等しい。

n は自然数より，$n+1$ と 1 の最大公約数は 1 であるから

n^2+n+1 と $n+1$ の最大公約数は 1 である。

よって，n^2+n+1 と $n+1$ は互いに素である。　**答**

$$a=bq+r$$
$$(G=G')$$

□ **283** 次の問いに答えよ。

(1)　n が自然数のとき，$6n+5$ と $3n+2$ は互いに素であることを証明せよ。

(2)　$5n+34$ と $2n+15$ の最大公約数が 7 になるような 20 以下の自然数 n をすべて求めよ。

164

◀ B ▶

□ **284** 次の等式を満たす整数 x, y の組をすべて求めよ。 敎 p.141 演習 1

*(1) $xy=6$ (2) $x(y-1)=-2$ *(3) $(x+1)(y-2)=5$

□ **285** 次の等式を満たす整数 x, y の組をすべて求めよ。 敎 p.141 演習 2

*(1) $xy-3x-3y+9=7$ (2) $xy+4x-2y-8=9$

(3) $xy-5x+3y-9=0$ *(4) $2xy+6x-y=10$

□ **286** 次の等式を満たす整数解 x, y の組をすべて求めよ。

*(1) $x^2-y^2=5$ (2) $x^2-xy-2y^2=4$ 敎 p.141 演習 2

◀ C ▶

□ **287** 次の等式を満たす自然数 x, y の組をすべて求めよ。

(1) $\dfrac{1}{x}+\dfrac{2}{y}=1$ (2) $\dfrac{4}{x}-\dfrac{3}{y}=1$ (3) $\dfrac{2}{x}+\dfrac{1}{y}=\dfrac{1}{2}$

例題 22

$\sqrt{n^2-21}$ が整数となるように、正の整数 n の値を定めよ。

〈考え方〉 $\sqrt{n^2-21}=k$ とおいて両辺を 2 乗することで、$\sqrt{\ }$ をなくす。

解答 $\sqrt{n^2-21}=k$ (k は正の整数) とおくと、

$n^2-21=k^2$、よって、$n^2-k^2=21$

これを変形して、$(n+k)(n-k)=21$ ◀ 因数分解をして積の形で表す

n, k は正の整数であるから、$n+k$ は 2 以上の整数であり、$n-k$ は整数である。

また、$n+k>n-k$ であるから、

$(n+k,\ n-k)=(7,\ 3),\ (21,\ 1)$

ゆえに、$(n,\ k)=(5,\ 2),\ (11,\ 10)$ ◀ $\begin{cases}n+k=7\\n-k=3\end{cases}$ $\begin{cases}n+k=21\\n-k=1\end{cases}$ の連立方程式をそれぞれ解く

よって、求める n の値は、$n=5,\ 11$ 答

□ **288** $\sqrt{n^2+99}$ が整数となるように、正の整数 n の値を定めよ。

□ **289** ある正の整数 n に、27 を加えても 83 を加えても平方数になる。このとき n の値を求めよ。

ヒント **289** $n+27=x^2$, $n+83=y^2$ (x, y は正の整数) とおき、y^2-x^2 を計算する。

例題 23

方程式 $x+2y+4z=10$ を満たす自然数 x, y, z の組をすべて求めよ。

〈考え方〉$x \geqq 1$, $y \geqq 1$, $z \geqq 1$ という条件を利用して，まず z の値を絞り込む。

解答 $x+2y+4z=10$ から $4z=10-(x+2y) \leqq 7$ ◄ | $x \geqq 1$, $y \geqq 1$ であること から z を絞り込める。

$z \leqq \dfrac{7}{4}$ より $z=1$

$z=1$ のとき $x+2y=6$ ◄ | $x=2(3-y)$ から，x が 偶数であることがわかる。

これを満たす x は偶数であるから

$(x,\ y,\ z)=(2,\ 2,\ 1),\ (4,\ 1,\ 1)$ **答**

□ 290 方程式 $x+2y+3z=12$ を満たす自然数 x, y, z の組をすべて求めよ。

例題 24

$\dfrac{1}{x}+\dfrac{1}{y}+\dfrac{1}{z}=1$ $(1<x<y<z)$ を満たす自然数 x, y, z の組を求めよ。

〈考え方〉$x<y<z$ から $\dfrac{1}{x}>\dfrac{1}{y}>\dfrac{1}{z}$ であることを利用して，まず x の値を絞り込む。

解答 $x<y<z$ であるから $\dfrac{1}{x}>\dfrac{1}{y}>\dfrac{1}{z}$

$1=\dfrac{1}{x}+\dfrac{1}{y}+\dfrac{1}{z}<\dfrac{1}{x}+\dfrac{1}{x}+\dfrac{1}{x}=\dfrac{3}{x}$ ◄ | $\dfrac{1}{y}$, $\dfrac{1}{z}$ をそれより大きい $\dfrac{1}{x}$ に置きかえる。

よって，$1<\dfrac{3}{x}$ より $1<x<3$ ◄ | x の範囲が絞られる。

ゆえに $x=2$ このとき $\dfrac{1}{y}+\dfrac{1}{z}=\dfrac{1}{2}$

$\dfrac{1}{2}=\dfrac{1}{y}+\dfrac{1}{z}<\dfrac{1}{y}+\dfrac{1}{y}=\dfrac{2}{y}$ ◄ | $\dfrac{1}{z}$ をそれより大きい $\dfrac{1}{y}$ に 置きかえる。

よって，$\dfrac{1}{2}<\dfrac{2}{y}$ より $2<y<4$ ◄ | y の範囲が絞られる。

ゆえに $y=3$ このとき $\dfrac{1}{z}=\dfrac{1}{6}$

したがって $(x,\ y,\ z)=(2,\ 3,\ 6)$ **答**

□ 291 次の等式を満たす自然数 x, y, z の組をすべて求めよ。

(1) $\dfrac{1}{x}+\dfrac{1}{y}+\dfrac{1}{z}=\dfrac{1}{2}$ $(4 \leqq x<y<z)$

(2) $xyz=2x+2y+z$ $(x<y<z)$

《 章 末 問 題 》

□ 292 (1) 3進法で表された数 $2102102_{(3)}$ を9進法で表せ。

(2) 8進法で表された数 $56.7_{(8)}$ を2進法の小数で表せ。

□ 293 10! を素因数分解したとき，素因数2の累乗はいくつになるか。また，100! を計算したとき，末尾に0は何個並ぶか。

□ 294 3つの数 1302，4620，81765 について，次の倍数になっているものをすべて選べ。

(1) 2の倍数   (2) 3の倍数   (3) 4の倍数

(4) 5の倍数   (5) 6の倍数   (6) 9の倍数

□ 295 n は0以上の整数で，$0 \leq n \leq 14$ とする。n を3で割った余りを a $(0 \leq a \leq 2)$，5で割った余りを b $(0 \leq b \leq 4)$ とする。このとき，n は $10a+6b$ を15で割った余りに等しいことを証明せよ。

□ 296 $\dfrac{15}{4}$，$\dfrac{25}{12}$，$\dfrac{40}{21}$ のいずれにかけても，その積が自然数となるような分数のうち，最も小さい分数を求めよ。

□ 297 1000以上の自然数で，33で割ったときの商と余りが等しい。このような自然数をすべて求めよ。

□ 298 整数 x，y が互いに素ならば，$7x+4y$，$2x+y$ も互いに素であることを証明せよ。

□ 299 n が整数であるとき，n^2+n+1 は5で割り切れないことを証明せよ。

□ 300 4桁の自然数 N を，百の位以上の2桁の数 A と十の位以下の数 B に分ける。たとえば，$N=2023$ のとき，$A=20$，$B=23$ となる。次のことを証明せよ。

(1) $2A+B$ が7の倍数ならば，N も7の倍数である。

(2) $2A-B$ が17の倍数ならば，N も17の倍数である。

Prominence

□ 301 千の位が5，百の位が9である4桁の数の中に，3，4，5のいずれの数でも割り切れるような数はあるか，考えてみよう。

● 数学Ⅰ

1章　数と式

1節　式の計算

1 (1) 次数は 2，係数は -1

　　　[x] 次数は 1，係数は $-a$

　　　[a] 次数は 1，係数は $-x$

　(2) 次数は 6，係数は 2

　　　[x] 次数は 4，係数は $2a^2$

　　　[a] 次数は 2，係数は $2x^4$

　(3) 次数は 5，係数は 9

　　　[y] 次数は 1，係数は $9abx^2$

　　　[a と b] 次数は 2，係数は $9x^2y$

2 (1) x^2-2x+3 　　(2) $3x^3+3x$

　(3) $-3x^2-4ax+2a^2$ 　(4) $x^2+4xy-y^2$

3 (1) 3次式　　(2) 3次式　　(3) 7次式

4 (1) $2x^2+(a+3)x+(a-1)$

　　　2次式，x^2 の係数は 2，

　　　x の係数は $a+3$，定数項は $a-1$

　(2) $2x^2+(3y-2)x+(y^2-y-1)$

　　　2次式，x^2 の係数は 2，

　　　x の係数は $3y-2$，定数項は y^2-y-1

　(3) $(a^3-1)x^3+(a-1)x+1$

　　　3次式，x^3 の係数は a^3-1，

　　　x の係数は $a-1$，定数項は 1

　(4) $(a+b)x^2+(-a+b)x+(a^2-b^2)$

　　　2次式，x^2 の係数は $a+b$，

　　　x の係数は $-a+b$，定数項は a^2-b^2

5 (1) $A+B=-x^3+6x^2-x+1$

　　　$A-B=x^3-x-3$

　(2) $A+B=x^3-5x^2+7x+6$

　　　$A-B=-x^3+3x^2+3x+8$

6 (1) $7x^2-12xy-11y^2$

　(2) $-xy-5y^2$

　(3) $-9x^2+14xy+7y^2$

7 $A=x^3-4x^2+13$，$B=2x^2-4x-9$

8 (1) $-a^6$ 　　(2) $-24a^4$ 　　(3) $4x^9$

　(4) $-8x^7y^5$ 　(5) $3a^9b^8c^7$ 　(6) $2x^8y^9$

9 (1) $-12a^2+15ab$ 　(2) $3x^3-6x^2-3x$

10 (1) $2x^4y-3x^3y^2-x^2y^3$

　(2) $-a^2b^2+3ab^2c-2a^2bc$

10 (1) $3x^2-7xy-6y^2$ 　　(2) $-x^3+8$

　(3) $3x^3+2x^2y-7xy^2+2y^3$

　(4) $3x^2-10xy+8y^2+4x-2y-15$

11 (1) $4x^2+12x+9$ 　(2) $9x^2-30xy+25y^2$

　(3) $a^2-6ab+9b^2$ 　(4) $4a^2-25b^2$

　(5) x^2-y^2 　　　　(6) $x^2+7xy+6y^2$

　(7) $x^2+6xy-16y^2$ 　(8) $a^2-12ab+35b^2$

12 (1) $3x^2+7x+2$ 　　(2) $6x^2+x-2$

　(3) $8x^2-18x+9$ 　(4) $3x^2+5xy-2y^2$

　(5) $3x^2+11xy-20y^2$

　(6) $14x^2-29xy+12y^2$

13 (1) $a^2+4ab+4b^2-a-2b-6$

　(2) $4x^2-12xy+9y^2+6x-9y-4$

　(3) $a^2+2ab-3b^2+4a+4b+4$

　(4) $3x^2+4xy+y^2-4x-2y+1$

14 (1) $4x^2-y^2-2yz-z^2$

　(2) $a^2-9b^2-12bc-4c^2$

　(3) $4x^2-y^2+9z^2+12zx$

　(4) $a^2-4b^2+4bc-c^2$

15 (1) $a^2+4b^2+c^2+4ab+4bc+2ca$

　(2) $4x^2+y^2+z^2-4xy+2yz-4zx$

16 (1) $81a^4-18a^2b^2+b^4$ 　(2) x^4-16y^4

17 (1) $x^4+2x^3-13x^2-14x+24$

　(2) $x^4-4x^3-19x^2+46x+120$

18 (1) $x^4+2x^3-2x^2-2x+1$

　(2) x^5-x^2-4x+2

　(3) $3x^4-2x^3+5x^2+24x-10$

19 (1) $x^4-2x^2y^2z^2+y^4z^4$

　(2) $4x^2+9y^2+16z^2-12xy+24yz-16zx$

　(3) $16a^4-b^4$

　(4) $3x^2+3y^2+z^2+6xy-4yz-4zx$

　(5) $9a^4-13a^2b^2+4b^4$

　(6) $x^6-3x^4-3x^2-4$

20 (1) x の係数は 12，x^2 の係数は -11

　(2) x^3y の係数は -5，x^2y^2 の係数は 8

21 (1) $x^8+x^4y^4+y^8$

　(2) $8bc$ 　　(3) $4ad-4bc$

22 (1) $3a(x+2y)$　　(2) $4xy(3x-2y)$

(3) $7a(-2xy+5x+3y)$

(4) $3a^2b(2a^2-ab+3b^2)$

23 (1) $(x+y)(x+y+4)$　　(2) $(2a-b)(x-3y)$

(3) $(a-1)(x+y)$　　　(4) $(x-z)(y-z)$

(5) $(x-1)(y-z)$

24 (1) $(x-6)^2$　　　(2) $(5x+y)^2$

(3) $6a(x-y)^2$　　(4) $4(x+3y)(x-3y)$

(5) $a(1+xy)(1-xy)$

(6) $c^2(3ac+b)(3ac-b)$

25 (1) $(x+2)(x+6)$　　(2) $(x+4)(x-9)$

(3) $(x-2y)(x-5y)$　(4) $(x+16y)(x-3y)$

26 (1) $(x+1)(2x+5)$　　(2) $(x+5)(3x-2)$

(3) $(2a-3)(3a-4)$　(4) $(2a+b)(4a-5b)$

(5) $(x-y)(9x-20y)$　(6) $(3x+4y)(5x+6y)$

27 (1) $(x-2y+z)(x-2y-z)$

(2) $(x+2y-z)(x+z)$

(3) $(a+b-3)(a+b-5)$

(4) $(x^2+6)(x+1)(x-1)$

(5) $(x^2+9)(x+3)(x-3)$

(6) $(x+3)(x-1)(x+4)(x-2)$

28 (1) $(x+1)(x+2y-1)$　(2) $(x-1)(x+y-2)$

(3) $(a+1)(a-1)(a-b)$

(4) $(2a-c)(a+b+c)$

(5) $(x+y)(xz-yz+1)$

(6) $(a-b)(ab+bc+ca)$

29 (1) $(x-y)(x+y+1)$

(2) $(x-y-1)(x-y-2)$

(3) $(x-y)(x+2y-2)$

(4) $(x-y+1)(x+2y+1)$

(5) $(x+y+1)(x+y-2)$

(6) $(x+y-2)(x-2y-1)$

30 (1) $(x+y-1)(x+y+2)$

(2) $(x-y+3)(x-2y-1)$

(3) $(x+y+1)(2x+y-3)$

(4) $(x-3y+2)(2x+y-3)$

(5) $(2x+y-1)(3x-5y-2)$

31 (1) $-(a-b)(b-c)(c-a)$

(2) $(a+b)(b+c)(c-a)$

(3) $(a+b)(b+c)(c+a)$

(4) $(a+b)(b+c)(c+a)$

32 (1) $(x+a)(x-b)$　　(2) $(x-a)(x+b)$

(3) $(x+2a)(x-b)$　(4) $(x-a)(x+2b)$

(5) $(x+a)(ax-2)$　(6) $(ax+b)(bx-a)$

33 (1) $(x+2y+1)(x+2y-1)$

(2) $(x+y-2)(x+y-5)$

34 (1) $(2x+y+1)(2x-y-1)$

(2) $(x+2y-2)^2$　　(3) $(x+1)(x-5y+1)$

35 (1) $2(a-c)(a-b+c)$

(2) $(a+b+c)(a-b+c)(a+b-c)(a-b-c)$

(3) $2(a-d)(a+b+c+d)$

36 (1) $(a-b)(a-b-c+1)$

(2) $(x-y)(x+y-xyz)$

37 (1) $(x^2+x+a)(x^2-x+a)$

(2) $(x^2+ax+1)(x^2-ax+1)$

38 (1) $(x-1)(x+4)(x^2+3x+6)$

(2) $(x^2+5x+3)(x^2+5x+7)$

39 (1) $(x^2+x+2)(x^2-x+2)$

(2) $(x^2+4x+8)(x^2-4x+8)$

(3) $(x^2+3xy+y^2)(x^2-3xy+y^2)$

(4) $(a^2+2ab-5b^2)(a^2-2ab-5b^2)$

(5) $(3x^2+xy+4y^2)(3x^2-xy+4y^2)$

40 (1) $(xy-y+2)(xy-2x+2)$

(2) $(ab+a+b-1)(ab-a-b-1)$

(3) $(x+a+1)(x^2+a)$

(4) $(a+b+2)(a^2+b-1)$

41 (1) $a^3+12a^2+48a+64$

(2) $x^3-9x^2y+27xy^2-27y^3$

(3) $64a^3-144a^2b+108ab^2-27b^3$

42 (1) x^3-8　　(2) $27x^3+y^3$

43 (1) $(2x+1)(4x^2-2x+1)$

(2) $(3x-4y)(9x^2+12xy+16y^2)$

(3) $a(b+2c)(b^2-2bc+4c^2)$

(4) $a(ab-3c)(a^2b^2+3abc+9c^2)$

44 (1) $(x+2y-z)(x^2+4y^2+z^2-2xy+2yz+zx)$

(2) $(x+y+2)(x^2+y^2-xy-2x-2y+4)$

45 (1) $(x+2)(x^2+2)$　　(2) $(x-2)(x^2+5)$

(3) $(x+1)(x^2+x+1)$

(4) $(x-2)(x+1)(x+4)$

(5) $(2x+1)^3$　　　(6) $(2x-3)^3$

2節　実数

46 (1) 0.75　(2) 0.125

(3) $0.\dot{6}\dot{3}$　(4) 0.384615

47 (1) $\dfrac{2}{9}$　(2) $\dfrac{19}{33}$　(3) $\dfrac{485}{333}$　(4) $\dfrac{51}{22}$

48 $\dfrac{3}{8}$, $\dfrac{4}{25}$

49

四則演算 数の範囲	加法	減法	乗法	除法
偶　　数	○	○	○	×
奇　　数	×	×	○	×
正の有理数	○	×	○	○
無　理　数	×	×	×	×

50 (1) 8　(2) 3　(3) $3-2\sqrt{2}$

51 (1) 順に　5, 2, 1, 2

(2) 順に　14, 5, 4, 7

52 (1) $\pm\sqrt{7}$　(2) $\pm\dfrac{1}{3}$　(3) 5

53 (1) 10　　(2) 10

(3) $2-\sqrt{3}$　(4) $\sqrt{10}-3$

54 (1) $3\sqrt{6}$　(2) $20\sqrt{3}$

(3) $3\sqrt{2}$　(4) $\dfrac{3\sqrt{5}}{7}$

55 (1) $\sqrt{3}$　(2) $4\sqrt{6}-3\sqrt{5}$　(3) $2\sqrt{3}$

(4) $9+6\sqrt{2}$　(5) $30-20\sqrt{2}$　(6) 4

(7) $17\sqrt{2}$　(8) 1

56 (1) $\dfrac{\sqrt{10}}{6}$　(2) $\dfrac{\sqrt{15}}{5}$　(3) $\dfrac{\sqrt{6}}{2}$　(4) $\dfrac{2\sqrt{2}}{5}$

57 (1) $2-\sqrt{3}$　(2) $\dfrac{\sqrt{5}+\sqrt{3}}{2}$　(3) $\dfrac{7+\sqrt{7}}{7}$

(4) $3-2\sqrt{2}$　(5) $\dfrac{3+\sqrt{2}}{7}$　(6) $2+\sqrt{3}$

58 (1) 4　(2) 1　(3) 14

(4) 14　(5) 194

59 (1) $\dfrac{\sqrt{7}}{2}$　(2) 8　(3) $\dfrac{1-\sqrt{2}}{7}$

(4) $1+2\sqrt{3}+\sqrt{5}$　(5) $2\sqrt{6}-1$

(6) $9+2\sqrt{3}+2\sqrt{5}+2\sqrt{15}$

60 (1) $\dfrac{2+\sqrt{2}-\sqrt{6}}{4}$　(2) $\dfrac{2-\sqrt{10}-\sqrt{14}}{4}$

61 (1) -1　(2) 0

62 (1) 4　(2) $\sqrt{5}-2$　(3) 20

63 (1) $2x-2$　(2) 4　(3) $-2x+2$

64 (1) 4　(2) 14　(3) 194

65 (1) $2+\sqrt{3}$　(2) $\sqrt{7}-\sqrt{2}$　(3) $\sqrt{11}+1$

(4) $\sqrt{6}-\sqrt{2}$　(5) $\sqrt{5}+2$　(6) $\dfrac{3\sqrt{2}+\sqrt{6}}{2}$

3節　1次不等式

66 (1) <　(2) <　(3) >　(4) <

67 (1) $x>2$　(2) $x\geqq-2$　(3) $x\leqq6$

(4) $x\geqq4$　(5) $x>3$　(6) $x\leqq-5$

68 (1) $x<-1$　(2) $x>3$

(3) $x\leqq3$　(4) $x>4$

69 (1) 6　(2) 3個　(3) 8

70 (1) $1<x<3$　(2) $x>3$

(3) $x<-4$　(4) $\dfrac{1}{2}\leqq x<\dfrac{7}{5}$

71 (1) $-2\leqq x\leqq1$　(2) $x>\dfrac{5}{2}$

72 (1) 4個　(2) 4個　(3) 3個

73 $6\leqq a<8$

74 26人から

75 8分以上

76 (1) $a=6$　(2) $a<10$　(3) $4\leqq a<6$

77 $\dfrac{1}{3}<a\leqq\dfrac{1}{2}$

78 (1) $a>1$ のとき　$x>\dfrac{2}{a-1}$

$a=1$ のとき　解はない

$a<1$ のとき　$x<\dfrac{2}{a-1}$

(2) $a>2$ のとき　$x\geqq3$

$a=2$ のとき　すべての実数

$a<2$ のとき　$x\leqq3$

170

79 (1) $a=1$　(2) $a=-3$

80 (1) $x=\pm9$　(2) $x=2,\ -12$

(3) $x=3,\ -2$　(4) $x\leqq-8,\ 8\leqq x$

(5) $-1\leqq x\leqq3$　(6) $x<-8,\ 4<x$

81 (1) $x=\dfrac{1}{3}$　(2) $x=-1$　(3) $x=3,\ -\dfrac{1}{3}$

(4) $x<\dfrac{1}{3}$　(5) $x<-1$　(6) $x<-\dfrac{1}{3},\ 3<x$

82 (1) $x=-2,\ 5$　(2) $x=2,\ 4$

(3) $x<-3,\ 2<x$　(4) $1<x<3$

章末問題

83 $5x^2+3xy-2y^2$

84 $A=(x+1)(x^2+x+3),\ B=-(x+1)(4x+3)$

85 (1) 0　(2) x^3+1

86 (1) $(x-1)(y-1)(z-1)$

(2) $(ab-c)(a-b+d)$

(3) $3(a+b)(b+c)(c+a)$

87 (1) $3+\sqrt{7}<x<7$

(2) $-14<x<-7,\ -3<x$

88 12 脚以上 18 脚以下

89 (1) -1　(2) $\pm\sqrt{13}$　(3) $\pm10\sqrt{13}$

90 (1) $-6<3x\leqq12$　(2) $-4<x+2y<10$

(3) $-12<3x-2y\leqq14$

91 (1) $(a+b+c)(ab+bc+ca)$　(2) 6

92 (1) $a=2$　(2) $a=-1$

93 $2\leqq a<3$

94 (1) $-3a$　(2) $-a+4$　(3) $a+4$　(4) $3a$

95 (1) $P=\begin{cases}-3a-1 & (a<-2)\\-a+3 & (-2\leqq a<0)\\a+3 & (0\leqq a<1)\\3a+1 & (1\leqq a)\end{cases}$

(2) $P=\begin{cases}-2a+3 & (a<-2)\\7 & (-2\leqq a<5)\\2a-3 & (5\leqq a)\end{cases}$

96 (1) $3(x-y)(y-z)(z-x)$

(2) $(x+y+z)(x-y-z)(x+y-z)(x-y+z)$

(3) $(x+y+z)(x^2+y^2+z^2-xy-yz-zx)$

97 (1) 13 個　(2) $a=17,$ 整数部分は 48

2章　集合と論証

1節　集合と論証

98 (1) $3\in A,\ 5\notin A,\ 9\notin A$

(2) $-2\in B,\ \dfrac{1}{3}\in B,\ \sqrt{3}\notin B$

(3) $1\notin C,\ 2\in C,\ 5\in C,\ 6\notin C$

99 (1) $\{1,\ 2,\ 3,\ 4,\ 5,\ 6,\ 7,\ 8,\ 9,\ 10\}$

(2) $\{1,\ 2,\ 3,\ 4,\ 6,\ 8,\ 12,\ 24\}$

(3) $\{-2,\ 2\}$　(4) $\{12,\ 15,\ 18\}$

(5) $\{2,\ 5,\ 8,\ 11,\ 14,\ \cdots\cdots\}$

100 (1) $\{x\,|\,x$ は 12 の正の約数$\}$

(2) $\{5n\,|\,n=1,\ 2,\ 3,\ \cdots\cdots\}$

101 (1) $A\subset B$　(2) $A=B$　(3) $B\subset A$

102 (1) $\varnothing,\ \{a\},\ \{b\},\ \{a,\ b\}$

(2) $\varnothing,\ \{a\},\ \{b\},\ \{c\},\ \{a,\ b\},$
$\{b,\ c\},\ \{a,\ c\},\ \{a,\ b,\ c\}$

103 (1) $A\cap B=\{3,\ 5\}$
$A\cup B=\{1,\ 2,\ 3,\ 4,\ 5,\ 7,\ 9\}$

(2) $A\cap B=\varnothing$
$A\cup B=\{2,\ 3,\ 4,\ 5,\ 7,\ 8,\ 9,\ 10\}$

(3) $A\cap B=\{3,\ 9\}$
$A\cup B=\{1,\ 3,\ 5,\ 6,\ 7,\ 9\}$

104 $A\cap B\cap C=\{7\}$
$A\cup B\cup C=\{1,\ 2,\ 3,\ 4,\ 5,\ 6,\ 7\}$

105 (1) $\{2,\ 4,\ 7,\ 8,\ 9\}$

(2) $\{3,\ 4,\ 5,\ 8,\ 10\}$　(3) $\{4,\ 8\}$

(4) $\{2,\ 3,\ 4,\ 5,\ 7,\ 8,\ 9,\ 10\}$

(5) $\{2,\ 7,\ 9\}$

(6) $\{1,\ 3,\ 4,\ 5,\ 6,\ 8,\ 10\}$

(7) $\{2,\ 3,\ 4,\ 5,\ 7,\ 8,\ 9,\ 10\}$

(8) $\{4,\ 8\}$

106 (1) $\{1,\ 4,\ 9,\ 16,\ 25,\ 36,\ 49,\ 64,\ 81\}$

(2) $\{1,\ 2,\ 3\}$

107 (1) $\{7\}$　(2) $\{1,\ 3,\ 4,\ 5,\ 6,\ 7,\ 8,\ 9,\ 10\}$

(3) $\{1,\ 10\}$

108 (1) $\{3,\ 4,\ 5,\ 7,\ 8,\ 9\}$

(2) $\{2,\ 3,\ 5,\ 6,\ 7,\ 9\}$

(3) $\{2,\ 3,\ 4,\ 5,\ 6,\ 7,\ 8,\ 9\}$

109 {2, 4} または {1, 2, 4} または
{2, 3, 4} または {1, 2, 3, 4}

110 (1) $a=2$, $b=4$　(2) $a=1$, $b=2$

111 (1) 真　(2) 真　(3) 偽　(4) 真

112 ①, ④

113 (1) 偽, 反例は $x=-4$　(2) 真
(3) 偽, 反例は $x=-5$
(4) 偽, 反例は $x=1$, $y=-2$
(5) 偽, 反例は $x=y=-1$
(6) 偽, 反例は $n=7$

114 (1) 必要　(2) 必要　(3) 十分　(4) 十分

115 (1) 十分条件であるが必要条件ではない
(2) 必要条件であるが十分条件ではない
(3) 必要十分条件である
(4) 必要条件でも十分条件でもない
(5) 十分条件であるが必要条件ではない

116 (1) $x^2+3x-10\neq0$　(2) $x>-4$
(3) n は 3 で割り切れない

117 (1) $x\neq0$ または $y\neq0$　(2) $-2\leqq x\leqq3$
(3) $x\leqq0$ または $3<x$
(4) n は 3 の倍数でも 4 の倍数でもない
(5) x, y の少なくとも一方は 0 以下である

118 (1) 十分条件であるが必要条件ではない
(2) 必要条件であるが十分条件ではない
(3) 十分条件であるが必要条件ではない
(4) 必要十分条件である
(5) 必要条件でも十分条件でもない

119 略　　**120** $a\geqq1$

121 (1) $a>2$　(2) $0<a\leqq1$

122 (1) 逆「$x=-3$ または $x=2\Longrightarrow$
$x^2+x-6=0$」, 真
裏「$x^2+x-6\neq0\Longrightarrow x\neq-3$ かつ $x\neq2$」, 真
対偶「$x\neq-3$ かつ $x\neq2\Longrightarrow$
$x^2+x-6\neq0$」, 真
(2) 逆「$x<-3\Longrightarrow x<-2$」, 真
裏「$x\geqq-2\Longrightarrow x\geqq-3$」, 真
対偶「$x\geqq-3\Longrightarrow x\geqq-2$」, 偽
(3) 逆「$x+y=0\Longrightarrow xy=0$」, 偽
裏「$xy\neq0\Longrightarrow x+y\neq0$」, 偽

対偶「$x+y\neq0\Longrightarrow xy\neq0$」, 偽
(4) 逆「n が 6 の倍数ならば,
n は 3 の倍数である。」, 真
裏「n が 3 の倍数でないならば,
n は 6 の倍数ではない。」, 真
対偶「n が 6 の倍数でないならば,
n は 3 の倍数ではない。」, 偽

123 (1) 略　(2) 略　　**124** (1) 略　(2) 略

125 (1) 略　(2) 略　　**126** 略　　**127** 略

128 (1) 逆「$x=y\Longrightarrow x^2=y^2$」, 真
裏「$x^2\neq y^2\Longrightarrow x\neq y$」, 真
対偶「$x\neq y\Longrightarrow x^2\neq y^2$」, 偽
(2) 逆「$x+y\geqq3\Longrightarrow x\geqq1$ かつ $y\geqq2$」, 偽
裏「$x<1$ または $y<2\Longrightarrow x+y<3$」, 偽
対偶「$x+y<3\Longrightarrow x<1$ または $y<2$」, 真
(3) 逆「x, y の少なくとも一方は 0 である
$\Longrightarrow xy=0$」, 真
裏「$xy\neq0\Longrightarrow x$, y はともに 0 でない」, 真
対偶「x, y はともに 0 でない $\Longrightarrow xy\neq0$」, 真
(4) 逆「a, b の少なくとも一方は奇数
$\Longrightarrow ab$ が奇数」, 偽
裏「ab が偶数 $\Longrightarrow a$, b はともに偶数」, 偽
対偶「a, b はともに偶数 $\Longrightarrow ab$ が偶数」, 真

129 略

130 (1) 「ある実数 x について, $x^2\leqq0$ である」
もとの命題は偽, 否定は真。
(2) 「すべての素数 n について, n は奇数で
ある」
もとの命題は真, 否定は偽。

131 (1) ③　(2) ①

章末問題

132 (1) ②　(2) ③　(3) ②　(4) ③　(5) ①

133 (1) 略　(2) 略

134 (1) {6, 12}, {3, 6, 12}, {6, 9, 12},
{6, 12, 15}, {3, 6, 9, 12},
{6, 9, 12, 15}, {3, 6, 12, 15},
{3, 6, 9, 12, 15}
(2)(ア) $k=28$　(イ) $k=37$

2

3章　2次関数

1節　2次関数とそのグラフ

135 (1) $y=\dfrac{10}{x}\ (x>0)$

(2) $y=\dfrac{5}{3}\pi x^2\ (x>0)$

136 (1) $f(-3)=9,\ f(1)=1,\ f(0)=3,$
$f(a+1)=-2a+1,\ f(1-a)=2a+1$

(2) $f(-3)=46,\ f(1)=-2,\ f(0)=1,$
$f(a+1)=3a^2-2,\ f(1-a)=3a^2-2$

137 (1) 第2象限　(2) 第1象限

(3) 第4象限　(4) 第3象限

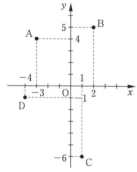

138 (1)

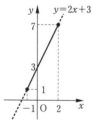

$1\leqq y\leqq 7$

(2)

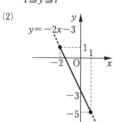

$-5\leqq y\leqq 1$

(3)

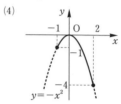

$9<y<25$

(4)

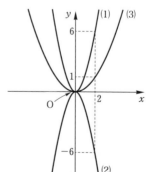

$-4\leqq y\leqq 0$

139 (1) 最大値7，最小値 -5

(2) 最大値2，最小値0

(3) 最大値2，最小値0

(4) 最大値0，最小値 -8

140 (1) $a=2,\ b=-3$　(2) $a=-1,\ b=4$

141 (1) 最大値7，最小値はない

(2) 最大値0，最小値はない

142 $a=4,\ b=6$

143 (1) $a=3,\ b=-8$　または　$a=-3,\ b=1$

(2) $a=-2,\ b=5$

144 $a=-1,\ b=-2$

145

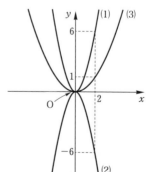

146 (1) $(2,\ -5)$　　(2) $(3,\ -3)$

(3) $(-1,\ -6)$　　(4) $(0,\ 0)$

147 (1) 点 $(0,\ -1)$

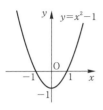

(2) 点 $(0,\ 5)$

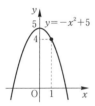

(3) 点 $(0,\ -4)$

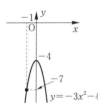

148 (1) 軸は直線 $x=-3$, 頂点は点 $(-3,\ 0)$

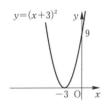

(2) 軸は直線 $x=4$, 頂点は点 $(4,\ 0)$

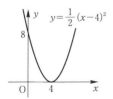

(3) 軸は直線 $x=-2$, 頂点は点 $(-2,\ 0)$

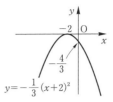

149 (1) 軸は直線 $x=-2$, 頂点は点 $(-2,\ -4)$

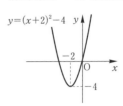

(2) 軸は直線 $x=-3$, 頂点は点 $(-3,\ 1)$

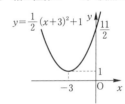

(3) 軸は直線 $x=1$, 頂点は点 $(1,\ 8)$

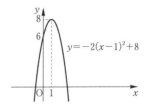

150 (1) $y=-(x-3)^2-4$

(2) $y=-(x+5)^2+1$

151 (1) $y=(x-1)^2-1$

(2) $y=2(x-3)^2-18$

(3) $y=-\dfrac{1}{2}(x-1)^2-\dfrac{3}{2}$

(4) $y=-\left(x+\dfrac{3}{2}\right)^2+\dfrac{9}{4}$

(5) $y=\left(x-\dfrac{1}{2}\right)^2+\dfrac{1}{2}$

(6) $y=-2\left(x-\dfrac{3}{4}\right)^2+\dfrac{25}{8}$

174

152 (1) 軸は直線 $x=-2$, 頂点は点 $(-2, -2)$

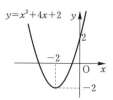

(2) 軸は直線 $x=-1$, 頂点は点 $(-1, 1)$

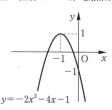

(3) 軸は直線 $x=-2$, 頂点は点 $(-2, 0)$

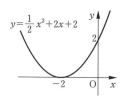

(4) 軸は直線 $x=\dfrac{1}{3}$, 頂点は点 $\left(\dfrac{1}{3}, \dfrac{4}{3}\right)$

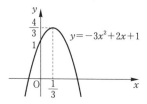

(5) 軸は直線 $x=1$, 頂点は点 $\left(1, \dfrac{3}{2}\right)$

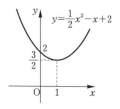

(6) 軸は直線 $x=\dfrac{3}{2}$, 頂点は点 $\left(\dfrac{3}{2}, -\dfrac{25}{12}\right)$

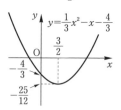

153 (1) x 軸方向に -2, y 軸方向に -5 だけ平行移動

(2) x 軸方向に 3, y 軸方向に -2 だけ平行移動

154 (1) $y=-x^2+2x-4$　(2) $y=2x^2-8x+4$

(3) $y=-3x^2-3x+1$

155 (1) $y=-2(x-1)^2-2$

(2) $y=-2(x+3)^2+1$

(3) $y=-2(x+2)^2-5$

156 (1) $(-3, p-9)$　　(2) $(p, -p^2+5)$

(3) $\left(\dfrac{1}{4}p, \dfrac{9}{8}p^2\right)$　　(4) $\left(-p, \dfrac{1}{2}p^2\right)$

157 $a=-7$, $b=-4$, 頂点の座標 $(-2, 3)$

158 $a=-6$, $b=7$

159 $0<a<2$

160 (1) $a=3$　　(2) $a=\dfrac{3}{2}$

161 x 軸：$y=-x^2+6x-10$

y 軸：$y=x^2+6x+10$

原点：$y=-x^2-6x-10$

162 (1) $a=1$, $b=-6$, $c=8$

(2) $a=-1$, $b=-6$, $c=-8$

(3) $a=1$, $b=6$, $c=8$

163 $p=-1$, $q=2$

164 $y=-x^2-4x+1$

2 節　2 次関数の値の変化

165 (1) 最小値 5, 最大値はない。

(2) 最小値 0, 最大値はない。

(3) 最小値 1, 最大値はない。

(4) 最大値 -1, 最小値はない。

175

166 (1) 最小値 -5，最大値はない。

(2) 最小値 -4，最大値はない。

(3) 最小値 -6，最大値はない。

(4) 最大値 $\dfrac{1}{4}$，最小値はない。

(5) 最大値 $\dfrac{17}{8}$，最小値はない。

167 (1) 最大値 7，最小値 -2

(2) 最大値 3，最小値 -5

(3) 最大値 10，最小値 -2

(4) 最大値 7，最小値 $\dfrac{3}{4}$

168 $a=5$，最小値 1

169 (1) 最大値 -2，最小値 -3

(2) 最大値も最小値もない。

170 $m=-1,\ 2$

171 $m>-\dfrac{4}{3}$

172 (1) $a=3,\ b=-7$

(2) $a=3,\ b=23$

173 最小値 (ア) a^2-4a+1 (イ) -3
最大値 (ウ) 1 (エ) 1 (オ) a^2-4a+1

174 (1) $0<a<2$ のとき $-a^2+4a-3$
$2\leqq a$ のとき 1

(2) $0<a<4$ のとき $(x=0$ で$)$ -3
$a=4$ のとき $(x=0,\ 4$ で$)$ -3
$4<a$ のとき $(x=a$ で$)$ $-a^2+4a-3$

175 (1) $a^2-8a+18$

(2) 27

176 (1) $a<0$ のとき 1
$0\leqq a\leqq 4$ のとき a^2+1
$4<a$ のとき $8a-15$

(2) $a<2$ のとき $(x=4$ で$)$ $8a-15$
$a=2$ のとき $(x=0,\ 4$ で$)$ 1
$2<a$ のとき $(x=0$ で$)$ 1

177 2

178 (1) $a<0$ のとき a^2+1
$0\leqq a\leqq 1$ のとき 1
$1<a$ のとき a^2-2a+2

(2) $a<\dfrac{1}{2}$ のとき $(x=a$ で$)$ a^2-2a+2

$a=\dfrac{1}{2}$ のとき $\left(x=\dfrac{1}{2},\ \dfrac{3}{2}$ で$\right)$ $\dfrac{5}{4}$

$a>\dfrac{1}{2}$ のとき $(x=a+1$ で$)$ a^2+1

179 $a<-2$ のとき
最大値 $-a^2-4a+1$，最小値 $-a^2+5$
$-2\leqq a<-1$ のとき
最大値 5，最小値 $-a^2+5$
$a=-1$ のとき
最大値 5，$(x=-2,\ 0$ で$)$ 最小値 4
$-1<a\leqq 0$ のとき
最大値 5，最小値 $-a^2-4a+1$
$0<a$ のとき
最大値 $-a^2+5$，最小値 $-a^2-4a+1$

180 $\dfrac{1}{8}$

181 最大値 $\dfrac{1}{4}$，最小値 0

182 最大値 6，最小値 $\dfrac{2}{3}$

183 (1) $m=-k^2+k$

(2) $k=\dfrac{1}{2}$ のとき最大値 $\dfrac{1}{4}$

184 (1) $y=(x-1)^2+3$ (2) $y=\dfrac{1}{2}(x+1)^2$

(3) $y=2(x-3)^2-7$

185 (1) $a=1,\ b=2,\ c=3$

(2) $a=1,\ b=-4,\ c=5$

(3) $x=2,\ y=1,\ z=-3$

186 (1) $y=-2x^2+5x$ (2) $y=x^2+2x$

(3) $y=-x^2+2x+1$

187 (1) $a=-2,\ b=5$ (2) $a=3,\ b=8$

(3) $a=4,\ b=-15$

188 (1) $y=\dfrac{1}{2}(x-2)^2+1$ (2) $y=-\dfrac{1}{3}(x+3)^2$

(3) $y=\dfrac{4}{9}\left(x-\dfrac{5}{2}\right)^2-1$

189 (1) $y=(x-1)^2+2$

(2) $y=-\left(x-\dfrac{1}{2}\right)^2-\dfrac{1}{2}$

(3) $y=(x+6)^2-6$, $y=(x-1)^2+1$

(4) $y=2x^2+x-4$

190 $a=-4$, $b=3$ または $a=4$, $b=-5$

191 (1) $y=x^2-4x+4$

(2) $y=\dfrac{1}{4}x^2+\dfrac{1}{2}x+\dfrac{1}{4}$

3節 2次方程式と2次不等式

192 (1) $x=5$, -1 (2) $x=0$, 2

(3) $x=3$ (4) $x=\dfrac{1}{3}$, $-\dfrac{3}{2}$

193 (1) $x=\dfrac{-1\pm\sqrt{13}}{2}$ (2) $x=-2\pm\sqrt{5}$

(3) $x=\dfrac{-2\pm\sqrt{2}}{2}$ (4) $x=\dfrac{1}{2}$, $\dfrac{7}{2}$

194 (1) 2個 (2) 0個 (3) 1個 (4) 0個

195 $m\leqq10$

196 $m=2$ のとき $x=-1$

$m=4$ のとき $x=-2$

197 (1) $x=\sqrt{2}$, $-\dfrac{\sqrt{2}}{2}$ (2) $x=-2$, $\dfrac{4}{3}$

(3) $x=1$, $-\dfrac{5}{3}$ (4) $x=-\sqrt{2}$, -1

198 (1) $m<-\dfrac{3}{4}$ (2) $m=-\dfrac{3}{4}$, $x=-\dfrac{1}{2}$

(3) $m>-\dfrac{3}{4}$

199 (1) 略 (2) $m=0$, $\dfrac{1}{2}$, $x=1$

200 $m=0$ のとき $x=0$

$m=1$ のとき $x=-1$

201 (1) $(7,\ 0)$, $(-1,\ 0)$

(2) $\left(\dfrac{3+\sqrt{41}}{4},\ 0\right)$, $\left(\dfrac{3-\sqrt{41}}{4},\ 0\right)$

(3) $(4,\ 0)$ (4) $\left(\dfrac{3}{2},\ 0\right)$, $\left(\dfrac{1}{2},\ 0\right)$

202 (1) 略 (2) 略

203 (1) 2個 (2) 2個 (3) 1個 (4) 0個

204 (1) $m=4$, $(2,\ 0)$

(2) $m=-\dfrac{1}{3}$, $\left(\dfrac{1}{3},\ 0\right)$

205 (1) $m>-3$ のとき 2個,

$m=-3$ のとき 1個,

$m<-3$ のとき 0個

(2) $m<\dfrac{9}{8}$ のとき 2個, $m=\dfrac{9}{8}$ のとき 1個,

$m>\dfrac{9}{8}$ のとき 0個

206 $y=-2x^2+2x+4$

207 (1) 5 (2) $\sqrt{17}$ (3) $2\sqrt{2}$

208 (1) $m<\dfrac{9}{4}$ (2) $m>\dfrac{9}{4}$ (3) $m\leqq\dfrac{9}{4}$

209 (1) $(1,\ 3)$, $(3,\ 1)$ (2) $(3,\ 1)$

(3) $(0,\ 7)$, $(3,\ 1)$

(4) $\left(\dfrac{7+\sqrt{13}}{2},\ 5+\sqrt{13}\right)$, $\left(\dfrac{7-\sqrt{13}}{2},\ 5-\sqrt{13}\right)$

210 $m>3$ のとき 2個, $m=3$ のとき 1個,

$m<3$ のとき 0個

211 (1) $m=4$ (2) $m\leqq\dfrac{9}{4}$

212 (1) $x\geqq-\dfrac{3}{4}$ (2) $x<1$ (3) $x\leqq2$

213 (1) $x<-2$, $5<x$ (2) $0<x<\dfrac{1}{2}$

(3) $x\leqq\dfrac{1}{2}$, $2\leqq x$ (4) $-4\leqq x\leqq4$

(5) $\dfrac{1}{2}<x<1$ (6) $x\leqq-\dfrac{1}{3}$, $\dfrac{3}{2}\leqq x$

214 (1) $x\leqq-7$, $2\leqq x$ (2) $-\dfrac{2}{3}<x<-\dfrac{1}{2}$

(3) $x<-2$, $0<x$

215 (1) $\dfrac{1-\sqrt{13}}{2}<x<\dfrac{1+\sqrt{13}}{2}$

(2) $x\leqq2-\sqrt{3}$, $2+\sqrt{3}\leqq x$

(3) $x\leqq-\sqrt{6}$, $\sqrt{6}\leqq x$

(4) $x<\dfrac{2-\sqrt{6}}{2}$, $\dfrac{2+\sqrt{6}}{2}<x$

(5) $\dfrac{3-\sqrt{21}}{2}\leqq x\leqq\dfrac{3+\sqrt{21}}{2}$

216 (1) $-3<x<4$ (2) $x\leqq-2$, $\dfrac{3}{2}\leqq x$

     (3) $-4\leqq x\leqq0$

217 (1) 解はない   (2) すべての実数

     (3) -2 以外のすべての実数   (4) $x=\dfrac{3}{2}$

218 (1) すべての実数   (2) すべての実数

     (3) 解はない   (4) 解はない

219 (1) $x<-2$, $0<x$ (2) $-\dfrac{2}{3}<x<\dfrac{1}{2}$

     (3) $\dfrac{2-\sqrt{10}}{2}\leqq x\leqq\dfrac{2+\sqrt{10}}{2}$

     (4) 解はない

     (5) $-\sqrt{5}$ 以外のすべての実数

     (6) すべての実数

220 (1) $-3<x\leqq4$ (2) $-2<x<\dfrac{1}{2}$, $3<x$

     (3) $1\leqq x\leqq3$, $4\leqq x\leqq5$

     (4) $1<x\leqq\dfrac{1+\sqrt{13}}{2}$

221 (1) $-2<x<2$, $4<x<8$

     (2) $1\leqq x<\sqrt{2}$

222 (1) $m\leqq-1$, $2\leqq m$

     (2) $m<\dfrac{2}{9}$, $2<m$

223 (1) $m\leqq0$, $4\leqq m$ (2) $-6<m<2$

224 (1) $-6<m<6$ (2) $-12\leqq m\leqq0$

225 $m>1$

226 (1) $x=1$, 2, 3 (2) $x=-1$, 0, 1

     (3) $x=2$, 3, 4 (4) $x=-1$, 0, 1, 2

227 (1) $x=3$, 4 (2) $x=-3$, -2

     (3) $x=-1$, 3, 4

228 (1) $m<-2$, $2<m$ のとき 2 個,

        $m=-2$, 2 のとき 1 個,

        $-2<m<2$ のとき 0 個

(2) $m<-2$, $1<m$ のとき 2 個,

     $m=-2$, 1 のとき 1 個,

     $-2<m<1$ のとき 0 個

229 (1) $m\geqq1$ (2) $m<-4$

230 (1) $a<1$ のとき $a<x<1$

        $a=1$ のとき   解はない

        $1<a$ のとき $1<x<a$

     (2) $a<2$ のとき $a\leqq x\leqq2$

        $a=2$ のとき $x=2$

        $2<a$ のとき $2\leqq x\leqq a$

     (3) $a>-\dfrac{1}{2}$ のとき $x\leqq-2a$, $1\leqq x$

        $a=-\dfrac{1}{2}$ のとき   すべての実数

        $a<-\dfrac{1}{2}$ のとき $x\leqq1$, $-2a\leqq x$

     (4) $a<0$ のとき $x<3a$, $a<x$

        $a=0$ のとき $x=0$ 以外のすべての実数

        $a>0$ のとき $x<a$, $3a<x$

231 (1) $a=1$, $b=5$ (2) $a=-2$, $b=-4$

232 (1) $a<-\dfrac{4}{3}$, $4<a$ (2) $0<a<\dfrac{4}{3}$

     (3) $a\leqq0$, $\dfrac{4}{3}\leqq a$

     (4) $-\dfrac{4}{3}\leqq a<0$, $\dfrac{4}{3}<a\leqq4$

233 $3<a<4$

234 (1) $2<a<6$ (2) $a>6$

235 10 cm 以上 20 cm 以下

236 2 m 以下

237 0 cm より長く,24 cm 以下

238 (1) $a>0$ のとき $2a<x<3a$

        $a=0$ のとき   解はない

        $a<0$ のとき $3a<x<2a$

     (2) $\dfrac{5}{3}\leqq a\leqq2$

3

178

239 (1)

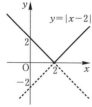

$y=|x-2|$

(2)

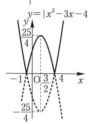

$y=|x^2-3x-4|$

240 (1) $0 \leqq y \leqq 3$ (2) $1 \leqq y \leqq 5$

241 (1)

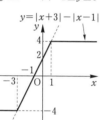

$y=|x+3|-|x-1|$

(2)

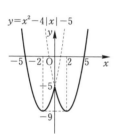

$y=x^2-4|x|-5$

(3)

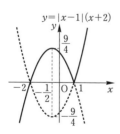

$y=|x-1|(x+2)$

章末問題

242 (1) $y=2(x-3)^2-5$

    (2) $y=-2(x+1)^2+3$

243 (1) $f(a)<0,\ f(b)<0,\ f(c)>0$

    (2) 略   (3) $\alpha<a<b<\beta<c$

244 1 個 65 円で売ったとき, 422500 円

245 (1) 0   (2) $a+2$

    (3) $a<\dfrac{2}{3}$ (4) $a<-2$

246 $m=0$ のとき, 他の解は $x=1$

    $m=2$ のとき, 他の解は $x=-3$

247 (1) $a \neq -1$ のとき $x=\dfrac{a-1}{a+1}$

       $a=-1$ のとき 解はない

    (2) $a \neq 0$ のとき $x=2, \dfrac{1}{a}$

       $a=0$ のとき $x=2$

248 (1) $a<0$ のとき $3a+4$

       $0 \leqq a \leqq 4$ のとき $-a^2+3a+4$

       $4<a$ のとき $20-5a$

    (2) $-\dfrac{4}{3}<a<4$

249 (1) $m=y^2-2y-1$ (2) -2

    (3) $x=2,\ y=1$ のとき 最小値 -2

250 $-\dfrac{28}{5}<a<-4$

251 (1)

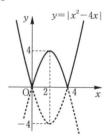

$y=|x^2-4x|$

    (2) $m>4,\ m=0$ のとき 2 個

       $m=4$ のとき 3 個

       $0<m<4$ のとき 4 個

       $m<0$ のとき 0 個

252 (1) $a<-1$ のとき $a<x<-1$

$a=-1$ のとき 解はない

$a>-1$ のとき $-1<x<a$

(2) $2<a\leqq3$

(3) $-5\leqq a<-4,\ 2<a\leqq3$

253 (1) $a>0,\ b<0,\ c>0$

(2) $b,\ c$　　(3) c

254 (指摘) 略　　(解答) $y\geqq-3$

4章　図形と計量

1節　三角比

255 (1) $\sin A=\dfrac{1}{\sqrt{10}},\ \cos A=\dfrac{3}{\sqrt{10}},$

$\tan A=\dfrac{1}{3}$

(2) $\sin A=\dfrac{\sqrt{11}}{6},\ \cos A=\dfrac{5}{6},$

$\tan A=\dfrac{\sqrt{11}}{5}$

(3) $\sin A=\dfrac{3}{4},\ \cos A=\dfrac{\sqrt{7}}{4},$

$\tan A=\dfrac{3}{\sqrt{7}}$

256 (1) $\sin A=\dfrac{2}{\sqrt{29}},\ \cos A=\dfrac{5}{\sqrt{29}},$

$\tan A=\dfrac{2}{5}$

(2) $\sin A=\dfrac{2}{3},\ \cos A=\dfrac{\sqrt{5}}{3},\ \tan A=\dfrac{2}{\sqrt{5}}$

(3) $\sin A=\dfrac{\sqrt{5}}{3},\ \cos A=\dfrac{2}{3},\ \tan A=\dfrac{\sqrt{5}}{2}$

257 (1) $x=4,\ y=4\sqrt{3}$

(2) $x=2\sqrt{2},\ y=2\sqrt{2}$

(3) $x=2\sqrt{3},\ y=4$

258 (1) 0.3584　(2) 0.2250　(3) 0.9004

259 (1) $A=62°$　(2) $A=39°$　(3) $A=53°$

260 (1) $A\fallingdotseq22°$　(2) $A\fallingdotseq39°$　(3) $A\fallingdotseq58°$

261 鉛直方向に 12.2 m, 水平方向に 99.3 m

262 17.6 m

263 (1) $\cos A=\dfrac{4}{5},\ \tan A=\dfrac{3}{4}$

(2) $\sin A=\dfrac{5}{6},\ \tan A=\dfrac{5}{\sqrt{11}}$

(3) $\sin A=\dfrac{2}{\sqrt{5}},\ \cos A=\dfrac{1}{\sqrt{5}}$

264 (1) $\cos 7°$　(2) $\sin 39°$　(3) $\dfrac{1}{\tan 18°}$

265 (1) 1　(2) 1

266 (1) $a\sin\theta$　　(2) $a\cos\theta$

(3) $a\sin\theta\cos\theta$

(4) $a\sin^2\theta$　　(5) $a\cos^2\theta$

267 水平距離　190.3 m, 高さ　96.9 m

268 (1) 1　(2) 2

269 (1) 5　(2) 0　(3) -1

270 (1) $\dfrac{1}{a^2+1}$　(2) $\dfrac{a^2}{a^2+1}$　(3) $2a^2+2$

271 $6+2\sqrt{3}$

272 16 m

273 (1) 略　(2) 略

274

θ	$0°$	$90°$	$120°$	$135°$	$150°$	$180°$
$\sin\theta$	0	1	$\dfrac{\sqrt{3}}{2}$	$\dfrac{1}{\sqrt{2}}$	$\dfrac{1}{2}$	0
$\cos\theta$	1	0	$-\dfrac{1}{2}$	$-\dfrac{1}{\sqrt{2}}$	$-\dfrac{\sqrt{3}}{2}$	-1
$\tan\theta$	0		$-\sqrt{3}$	-1	$-\dfrac{1}{\sqrt{3}}$	0

275 (1) 鋭角　(2) 鈍角　(3) 鈍角

276 (1) $\sin 25°=0.4226$

(2) $-\cos 44°=-0.7193$

(3) $-\tan 32°=-0.6249$

277 (1) $\theta=45°,\ 135°$　(2) $\theta=150°$

(3) $\theta=0°,\ 180°$　(4) $\theta=180°$

278 (1) $\theta=45°$　(2) $\theta=150°$　(3) $\theta=60°$

279 (1) $\theta=120°$　(2) $\theta\fallingdotseq27°$

280 $m=-1$

281 (1) $\cos\theta=\dfrac{\sqrt{21}}{5},\ \tan\theta=\dfrac{2}{\sqrt{21}}$

または $\cos\theta=-\dfrac{\sqrt{21}}{5},\ \tan\theta=-\dfrac{2}{\sqrt{21}}$

(2) $\sin\theta=\dfrac{\sqrt{7}}{4},\ \tan\theta=\dfrac{\sqrt{7}}{3}$

(3) $\sin\theta=\dfrac{4}{\sqrt{17}},\ \tan\theta=-4$

282 (1) $\sin\theta=\dfrac{3}{5},\ \cos\theta=\dfrac{4}{5}$

(2) $\sin\theta=\dfrac{2}{\sqrt{5}},\ \cos\theta=-\dfrac{1}{\sqrt{5}}$

283 (1) $0\le\sin\theta\le1$　(2) $-1<\cos\theta<\dfrac{1}{2}$

(3) $-1<\tan\theta\le0$

284 (1) -1　(2) 0　(3) 2

285 (1) $\theta=60°,\ 120°$　(2) $\theta=60°$

286 (1) $15°$　(2) $75°$

287 $\cos70°,\ \cos40°,\ \sin110°$

288 (1) $\theta=0°,\ 30°,\ 150°,\ 180°$

(2) $\theta=120°,\ 180°$

(3) $\theta=0°,\ 90°,\ 180°$

(4) $\theta=45°,\ 135°$

289 (1) $\theta=45°,\ 135°$　(2) $\theta=60°$

290 (1) 略　(2) 略

291 (1) 略　(2) 略　(3) 略

292 (1) $\dfrac{1}{2}$　(2) 2　(3) $\dfrac{\sqrt{2}}{2}$

293 $\dfrac{\sqrt{15}}{3}$

294 (1) $\dfrac{3}{8}$　(2) $\dfrac{\sqrt{7}}{2}$　(3) $\dfrac{\sqrt{7}-1}{4}$

295 (1) $60°<\theta<120°$　(2) $0°\le\theta\le120°$

(3) $0°\le\theta\le45°,\ 135°\le\theta\le180°$

(4) $135°<\theta\le180°$

296 (1) $30°<\theta<60°,\ 120°<\theta<150°$

(2) $60°<\theta<150°$

297 (1) $0°\le\theta<45°,\ 90°<\theta\le180°$

(2) $0°\le\theta<90°,\ 135°\le\theta\le180°$

(3) $90°<\theta<150°$

298 (1) $0°\le\theta<30°,\ 150°<\theta\le180°$

(2) $60°\le\theta\le180°$

2節　三角比と図形の計量

299 (1) $2\sqrt{2}$　(2) $3\sqrt{3}$

(3) $a=2\sqrt{2},\ R=2\sqrt{2}$

(4) $b=2\sqrt{3},\ R=\sqrt{6}$

300 (1) 7　(2) $\sqrt{5}$　(3) $\sqrt{13}$

301 (1) 8　(2) $-1+\sqrt{3}$

302 (1) $A=60°$　(2) $B=90°$　(3) $C=135°$

303 (1) 鋭角三角形　(2) 鈍角三角形

(3) 直角三角形

304 (1) $c=2,\ A=30°,\ B=15°$

(2) $a=\sqrt{6},\ B=45°,\ C=75°$

305 (1) $B=60°,\ C=90°,\ c=2\sqrt{3}$

または $B=120°,\ C=30°,\ c=\sqrt{3}$

(2) $A=75°,\ B=60°,\ a=\dfrac{\sqrt{2}+\sqrt{6}}{2}$

または $A=15°,\ B=120°,\ a=\dfrac{-\sqrt{2}+\sqrt{6}}{2}$

306 (1) $A=30°,\ 150°$

(2) $A=15°,\ B=45°$

(3) $C=60°,\ 120°$

(4) $A=30°,\ b=4\sqrt{2}$

307 (1) $A=30°,\ B=60°,\ C=90°$

$a:b:c=1:\sqrt{3}:2$

(2) $\sin A:\sin B:\sin C=7:5:3$

$A=120°$

(3) $B=45°,\ C=105°$

または $B=135°,\ C=15°$

308 $120°$

309 (1) $\sqrt{6}$　(2) $45°$　(3) $\sqrt{2}$　(4) $120°$

310 $\sin75°=\dfrac{\sqrt{6}+\sqrt{2}}{4},\ \cos75°=\dfrac{\sqrt{6}-\sqrt{2}}{4}$

311 (1) $AB^2=AM^2+BM^2-2AM\cdot BM\cos\theta$

$AC^2=AM^2+BM^2+2AM\cdot BM\cos\theta$

(2) 略

312 (1) $x>\dfrac{4+\sqrt{15}}{2}$　(2) $x=2$

313 (1) 略　(2) 略　(3) 略

314 (1) 5　(2) $\dfrac{9}{2}$

315 (1) $4\sqrt{5}$　(2) $\dfrac{3\sqrt{15}}{4}$

316 $\dfrac{9\sqrt{3}}{4}$

317 (1) AC$=7$, AD$=3$

(2) $\dfrac{7\sqrt{3}}{3}$　(3) $\dfrac{55\sqrt{3}}{4}$

318 $\dfrac{\sqrt{6}}{2}$

319 (1) 7　(2) $S=\dfrac{15\sqrt{3}}{4}$, $r=\dfrac{\sqrt{3}}{2}$

320 (1) $\dfrac{4+3\sqrt{3}}{2}$　(2) $5\sqrt{3}+3$

321 (1) 2　(2) $3\sqrt{3}$

322 (1) AC$=6$, BC$=14$

(2) $R=\dfrac{14\sqrt{3}}{3}$, $r=\sqrt{3}$　(3) $\dfrac{15}{4}$

323 (1) $13\sqrt{3}$　(2) $\dfrac{9\sqrt{55}}{4}$

324 (1) $-\dfrac{1}{5}$　(2) 7　(3) $10\sqrt{6}$

325 $6\sqrt{6}$

326 (1) AC$=\sqrt{10}$, AF$=5$, FC$=\sqrt{17}$

(2) $\dfrac{13}{\sqrt{170}}$　(3) $\dfrac{13}{2}$

327 (1) $\dfrac{\sqrt{3}}{4}$　(2) $\sqrt{13}$　(3) $3\sqrt{39}$

328 (1) $\dfrac{1}{6}a^3$　(2) $\dfrac{\sqrt{3}}{2}a^2$　(3) $\dfrac{\sqrt{3}}{3}a$

329 5

330 (1) $\sqrt{14}$　(2) $3\sqrt{2}$　(3) $-\dfrac{1}{2}$　(4) $\sqrt{3}$

331 (1) $\sqrt{3}a$　(2) $-\dfrac{1}{3}$

332 (1) $\sqrt{2}$　(2) $\dfrac{8\sqrt{2}}{3}$　(3) $-\dfrac{1}{3}$

333 $4\sqrt{21}$

334 (1) 6　(2) AC$=3$, 糸の長さ $3\sqrt{3}$

335 (1) AC$=$AB の二等辺三角形

(2) $A=90°$ の直角三角形

(3) BC$=$AC の二等辺三角形

(4) BC$=$AC の二等辺三角形
または $C=90°$ の直角三角形

章末問題

336 (1) $1\leqq\sin\theta+1\leqq2$

(2) $-5\leqq3\cos\theta-2\leqq1$

(3) $-1\leqq\sqrt{3}\tan\theta-1\leqq2$

(4) $3\leqq\sqrt{2}\sin\theta+2\leqq2+\sqrt{2}$

337 (1) $\theta=0°$, $90°$, $180°$　(2) $\theta=90°$

(3) $\theta=30°$, $120°$, $150°$

(4) $\theta=60°$, $180°$

338 (1) $120°\leqq\theta\leqq135°$

(2) $0°\leqq\theta<45°$, $120°\leqq\theta\leqq180°$

(3) $0°\leqq\theta<30°$, $30°<\theta<150°$

(4) $\theta=0°$, $90°\leqq\theta\leqq180°$

339 (1) $-1\leqq t\leqq1$

(2) $y=\left(t-\dfrac{1}{2}\right)^2-\dfrac{1}{4}$

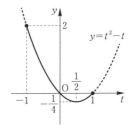

最大値 2, 最小値 $-\dfrac{1}{4}$

(3) $\theta_1=180°$, $\theta_2=60°$

340 (1) $0\leqq t<1$　(2) $0\leqq t<\dfrac{1}{2}$, $t=1$

(3) $0 \leqq t < \dfrac{1}{2}$, $t > 1$ のとき　0 個

$\dfrac{1}{2} \leqq t < \dfrac{\sqrt{3}}{2}$, $t = 1$ のとき　1 個

$\dfrac{\sqrt{3}}{2} \leqq t < 1$ のとき　2 個

341 (1) 略　(2) 略

342 (1) $\sin B = \dfrac{2\sqrt{6}}{5}$, $R = \dfrac{35\sqrt{6}}{24}$

(2) $AD = \dfrac{7\sqrt{10}}{4}$, $S = \dfrac{81\sqrt{6}}{8}$

343 (1) $\dfrac{8\sqrt{21}}{7}$　(2) 4

(3) $6\sqrt{3}$　(4) 5 : 16

344 (1) $\dfrac{1}{x}$　(2) $\dfrac{1+\sqrt{5}}{2}$　(3) $\dfrac{1+\sqrt{5}}{4}$

(4) $\cos 72° = \dfrac{\sqrt{5}-1}{4}$, $\sin 18° = \dfrac{\sqrt{5}-1}{4}$

345 (1) $\dfrac{\sqrt{6}}{6}$　(2) $\dfrac{\sqrt{6}}{2}$

346 (1) $S_3 = \dfrac{3\sqrt{3}}{4}$, $S_4 = 2$

(2) $S_n = \dfrac{n}{2} \sin \left(\dfrac{360}{n} \right)°$

(3) $S_{120} = 3.1404$, $S_{360} = 3.1410$

(4) π に近づく

5章　データの分析

1節　データの分析

347 (1)

階級 (cm) 以上～未満	階級値 (cm)	度数 (人)
30 ～ 35	32.5	1
35 ～ 40	37.5	3
40 ～ 45	42.5	5
45 ～ 50	47.5	6
50 ～ 55	52.5	4
55 ～ 60	57.5	1
合計		20

(2) 5 cm

(3) 45 cm 以上 50 cm 未満　0.3
50 cm 以上 55 cm 未満　0.2

(4)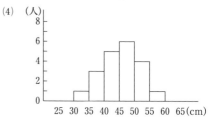

348 (1) 数学の平均値　24.5点
英語の平均値　28.5点

(2) 23.5点

349 (1) 平均値　6, 中央値　6, 最頻値　5

(2) 平均値　5.2, 中央値　5, 最頻値　4, 7

350 A 高校　172.5 cm, B 高校　177.5 cm

351 35分

352 $x = 7$, $y = 9$

353 (1) $x = 4$, $y = 3$　(2) $x = 4$, 5, 6, 7

(3) $x = 2$, 3, 4, 5

354 28

355 (1) $Q_1 = 20$, $Q_2 = 35$, $Q_3 = 45$

(2) $Q_1 = 30$, $Q_2 = 36$, $Q_3 = 40$

356 平均値　5.2点, 最頻値　6点
$Q_1 = 4$点, $Q_2 = 6$点, $Q_3 = 7$点
最大値　10点, 最小値　0点

箱ひげ図

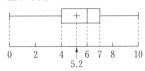

357 (1) B 組, C 組, A 組

(2) C 組, A 組, B 組

(3) A 組, C 組, B 組

358 ③と⑤   **359** A

360 $Q_1 = 44$分, $Q_2 = 45$分, $Q_3 = 48$分, $R = 4$分

外れ値   56分

361 (1) $s^2 = 4$, $s = 2$ (2) $s^2 = 16$, $s = 4$

(3) $s^2 = 9$, $s = 3$ (4) $s^2 = 16$, $s = 4$

362 5.36

363 (1) $s^2 = 5$, $s \fallingdotseq 2.2$

(2) $s^2 = 7.84$, $s = 2.8$

364 (1) 平均値   30分, 分散   14.8

(2) 21分,   39分

(3) 平均値   変化しない, 分散   減少する

365 (1) $\overline{u} = 31$, $s_u = 4$ (2) $\overline{u} = 11$, $s_u = 1$

366 平均値   14.2, 標準偏差   2.6

367 平均値   57点, 標準偏差   11.2点

368 (1) $\overline{u} = 6$, $s_u^{\,2} = 7$

(2) $\overline{x} = 592$, $s_x^{\,2} = 343$

369 (1) 散布図

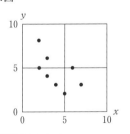

負の相関がみられる。

(2)

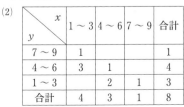

y \ x	1〜3	4〜6	7〜9	合計
7〜9	1			1
4〜6	3	1		4
1〜3		2	1	3
合計	4	3	1	8

370 (1) $s_{xy} \fallingdotseq 0.63$, $r \fallingdotseq 0.21$

(2) $s_{xy} = -2.25$, $r \fallingdotseq -0.61$

371 (1) $s_x^{\,2} = 0.34$, $s_y^{\,2} = 0.5$

(2) $s_{xy} = 0.175$, $r \fallingdotseq 0.42$

372 (1) -0.6

(2) x の中央値に最も近い値は 20

y の中央値に最も近い値は 15

373 効果があったといえる

374 (1) 0.034   (2) 誤りといえる

375 (例) 人口が多い。

376 (1) $z_1 = -0.5$, $z_2 = 2.5$

(2) 英語   45, 数学   75

(3) 43点

章末問題

377 (1) 8 通り   (2) $c = 17$, 28

(3) $c = 8$, u の分散   50

(4) $a = 20$, $b = 30$

378 (1) 7.5点   (2) 2.4点

379 (1) $\overline{u} = 8.5$, $\overline{v} = 8.1$

(2) $s_u = 3.2$, $s_v = 4.2$

(3) 6.3   (4) 0.47

380 (1) (a) 数学, (b) 英語, (c) 国語

(2) 0.75

(3)(ア) 171点

(イ) $(x - \overline{x})^2 + (y - \overline{y})^2 + (z - \overline{z})^2$

$+ 2(x - \overline{x})(y - \overline{y}) + 2(y - \overline{y})(z - \overline{z})$

$+ 2(z - \overline{z})(x - \overline{x})$

(ウ) 70

(4) 分散   ②, 相関係数   ①

● 数学 A

1章　場合の数と確率

1節　場合の数

1 (1) 20 　(2) 14 　(3) 2

2 (1) 50 個 　(2) 24 個

3 (1) 134 個 　(2) 44 個

4 (1) 8 人 　(2) 8 人 　(3) 15 人

5 (1) 20 個 　(2) 40 個 　(3) 10 個
　 (4) 40 個 　(5) 10 個

6 (1) 10 個 　(2) 80 個 　(3) 30 個
　 (4) 6 個 　(5) 41 個

7 (1) 20 人以上 33 人以下 　(2) 13 人以下

8 (1) 55 個 　(2) 30 個 　(3) 30 個
　 (4) 15 個 　(5) 85 個

9 (1) 40 人 　(2) 14 人

10 12 個

11 65 個

12 (1) 15 人 　(2) 95 人

13 (1) 4 通り 　(2) 15 通り

14 20 通り

15 (1) 19 個 　(2) 212

16 (1) 8 通り 　(2) 12 通り

17 (1) 21 通り 　(2) 15 通り

18 20 通り

19 (1) 8 通り 　(2) 16 通り

20 12 個

21 (1) 正の約数の個数　9 個, 約数の和　217
　 (2) 正の約数の個数　24 個, 約数の和　1680

22 (1) 16 通り 　(2) 64 通り 　(3) 27 通り

23 (1) 12 個 　(2) 16 個 　(3) 12 個

24 (1) 14 通り 　(2) 2 通り

25 (1) 120 通り 　(2) 152 通り 　(3) 135 通り

26 12 通り

27 (1) 5 通り 　(2) 11 通り

28 (1) 31 通り 　(2) 39 通り 　(3) 41 通り

29 (1) 30 　(2) 24 　(3) 7 　(4) 1

30 (1) 132 通り 　(2) 504 通り 　(3) 720 通り

31 (1) 40320 　(2) 30240 　(3) 30 　(4) 1

32 720 通り

33 128 個

34 32 通り

35 (1) 243 通り 　(2) 211 通り

36 (1) 720 通り 　(2) 144 通り
　 (3) 576 通り 　(4) 144 通り

37 (1) 96 個 　(2) 60 個

38 (1) 1440 通り 　(2) 720 通り
　 (3) 720 通り 　(4) 720 通り

39 96 通り

40 (1) 27 通り 　(2) 9 通り 　(3) 9 通り

41 (1) 122 番目 　(2) 516243

42 (1) 341 番目 　(2) adbcfe

43 (1) 42 個 　(2) 39 個

44 (1) 100 個 　(2) 300 個 　(3) 45 個

45 210 通り

46 30 通り

47 (1) 60 通り 　(2) 12 通り

48 (1) 64 通り 　(2) 62 通り 　(3) 31 通り

49 (1) 729 通り 　(2) 186 通り 　(3) 540 通り

50 1806 通り

51 (1) 10 　(2) 84 　(3) 10 　(4) 1

52 (1) 36 　(2) 560 　(3) 56 　(4) 12

53 (1) 20 　(2) 495 　(3) 120

54 (1) 10 個 　(2) 5 個 　(3) 5 本

55 (1) 1680 通り 　(2) 4200 通り
　 (3) 10080 通り

56 (1) 420 通り 　(2) 931 通り 　(3) 916 通り
　 (4) 66 通り 　(5) 220 通り

57 (1) 2520 通り 　(2) 113400 通り
　 (3) 945 通り 　(4) 2100 通り

58 (1) 56 通り 　(2) 30 通り 　(3) 26 通り

59 (1) 8 通り 　(2) 27 通り

60 交点の個数　30 個
　 平行四辺形の個数　150 個

61 (1) 32 個 　(2) 16 個

62 (1) 126 通り 　(2) 66 通り 　(3) 94 通り

63 116 通り

64 (1) 2520 通り 　(2) 60 通り 　(3) 105 通り

65 43 個

66 (1) 126 通り　　(2) 15 通り　　(3) 6 通り

67 21 通り

68 (1) 55 個　　(2) 28 個

69 (1) 36 通り　　(2) 15 通り

2 節　確率

70 (1) {1, 2, 3, 4, 5}
　　(2) {2, 4}　　　　　(3) {3, 4, 5}

71 (1) $\dfrac{1}{4}$　　(2) $\dfrac{1}{13}$　　(3) $\dfrac{3}{52}$　　(4) $\dfrac{1}{52}$

72 (1) $\dfrac{1}{4}$　　(2) $\dfrac{3}{8}$

73 (1) $\dfrac{1}{6}$　　(2) $\dfrac{5}{36}$　　(3) $\dfrac{1}{3}$

74 (1) $\dfrac{1}{14}$　　(2) $\dfrac{8}{21}$　　(3) $\dfrac{3}{7}$

75 (1) $\dfrac{1}{10}$　　(2) $\dfrac{2}{5}$　　(3) $\dfrac{3}{5}$

76 (1) $\dfrac{5}{18}$　　(2) $\dfrac{5}{18}$

77 (1) $\dfrac{4}{25}$　　(2) $\dfrac{1}{5}$

78 (1) $\dfrac{1}{9}$　　(2) $\dfrac{1}{3}$　　(3) $\dfrac{1}{3}$

79 (1) $\dfrac{1}{30}$　　(2) $\dfrac{1}{2}$

80 (1) $\dfrac{2}{5}$　　(2) $\dfrac{1}{5}$

81 (1) {2, 6}　　(2) {1, 2, 3, 4, 6}

82 A と B, B と D, C と D

83 $\dfrac{1}{7}$

84 $\dfrac{4}{9}$

85 $\dfrac{14}{45}$

86 $\dfrac{33}{100}$

87 (1) $\dfrac{1}{6}$　　(2) $\dfrac{5}{6}$

88 (1) $\dfrac{14}{33}$　　(2) $\dfrac{19}{33}$　　(3) $\dfrac{15}{22}$

89 (1) $\dfrac{11}{36}$　　(2) $\dfrac{11}{12}$　　(3) $\dfrac{3}{4}$

90 (1) $\dfrac{2}{5}$　　(2) $\dfrac{2}{5}$

91 $\dfrac{29}{44}$

92 (1) $\dfrac{2}{5}$　　(2) $\dfrac{4}{5}$　　(3) $\dfrac{2}{5}$

93 (1) $\dfrac{4}{9}$　　(2) $\dfrac{91}{216}$　　(3) $\dfrac{5}{8}$

94 (1) $\dfrac{1}{36}$　　(2) $\dfrac{7}{216}$

95 (1) 独立である。　　(2) 独立でない。

96 $\dfrac{1}{6}$

97 (1) $\dfrac{1}{25}$　　(2) $\dfrac{4}{25}$　　(3) $\dfrac{9}{25}$

98 (1) $\dfrac{1}{2}$　　(2) $\dfrac{1}{2}$

99 (1) $\dfrac{1}{216}$　　(2) $\dfrac{1}{9}$

100 (1) $\dfrac{1}{16}$　　(2) $\dfrac{1}{4}$　　(3) $\dfrac{15}{64}$

101 (1) $\dfrac{1}{36}$　　(2) $\dfrac{5}{9}$

102 (1) $\dfrac{1}{10}$　　(2) $\dfrac{39}{40}$

103 (1) $\dfrac{4}{49}$　　(2) $\dfrac{20}{49}$

104 (1) $\dfrac{26}{27}$　　(2) $\dfrac{8}{27}$　　(3) $\dfrac{37}{216}$

105 (1) $\dfrac{25}{216}$　　(2) $\dfrac{8}{81}$

106 (1) $\dfrac{96}{625}$　　(2) $\dfrac{48}{625}$

107 $\dfrac{15}{64}$

108 (1) $\dfrac{7}{64}$ (2) $\dfrac{63}{64}$

109 (1) $\dfrac{4}{9}$ (2) $\dfrac{80}{243}$ (3) $\dfrac{32}{243}$

110 (1) $\dfrac{162}{625}$ (2) $\dfrac{648}{3125}$ (3) $\dfrac{2133}{3125}$

111 (1) $\dfrac{1}{108}$ (2) $\dfrac{4}{27}$

112 (1) $\dfrac{1}{6}$ (2) $\dfrac{671}{1296}$

113 (1) $\dfrac{1}{8}$ (2) $\dfrac{11}{16}$ (3) $\dfrac{15}{64}$

114 (1) $\dfrac{5}{16}$ (2) $\dfrac{1}{8}$

115 (1) $\dfrac{1}{7}$ (2) $\dfrac{1}{3}$ (3) $\dfrac{1}{3}$

116 $\dfrac{4}{11}$

117 (1) $\dfrac{3}{5}$ (2) $\dfrac{4}{5}$

118 (1)(i) $\dfrac{5}{12}$ (ii) $\dfrac{1}{4}$ (2)(i) $\dfrac{5}{21}$ (ii) $\dfrac{1}{14}$

119 (1) $\dfrac{2}{15}$ (2) $\dfrac{8}{15}$ (3) $\dfrac{13}{15}$

120 (1) $\dfrac{1}{3}$ (2) $\dfrac{13}{24}$

121 (1) $\dfrac{11}{400}$ (2) $\dfrac{9}{11}$

122 (1) $\dfrac{11}{20}$ (2) $\dfrac{13}{40}$ (3) $\dfrac{13}{22}$ (4) $\dfrac{11}{20}$

123 (1) $\dfrac{1}{6}$ (2) $\dfrac{11}{36}$ (3) $\dfrac{11}{216}$

124 (1) $\dfrac{3}{4}$ (2) $\dfrac{1}{4}$ (3) $\dfrac{1}{4}$

125 (1) $\dfrac{27}{40}$ (2) $\dfrac{4}{9}$

126 235 円

127 $\dfrac{15}{8}$ 個

128 ゲーム B に参加する方が有利

129 1 回

130 $\dfrac{50}{81}$ 点

131 (1) $\dfrac{12}{7}$ 個 (2) $\dfrac{12}{7}$ 回

132 $\dfrac{91}{36}$

133 $\dfrac{2}{23}$

章末問題

134 (1) $n(A)=150$, $n(B)=100$, $n(A\cap B)=50$
  (2) 200 (3) 200 (4) 220

135 (1) 576 通り (2) 1440 通り
  (3) 840 通り

136 (1) 15 通り (2) 3 通り (3) 9 通り

137 (1) 455 通り (2) 9 通り (3) 81 通り
  (4) 30 通り (5) 180 通り

138 (1) 3 通り (2) 50 通り
  (3) 20160 通り

139 (1) $\dfrac{1}{24}$ (2) $\dfrac{1}{12}$ (3) $\dfrac{3}{8}$

140 6 個

141 (1) $\dfrac{-n^2+20n}{100}$ (2) 3 以上（10 以下）

142 (1) $\dfrac{1}{3}$ (2) $\dfrac{64}{81}$ (3) $\dfrac{8}{9}$ (4) $\dfrac{3}{4}$

143 (1) 1 回目に出た目が 3 以下ならば 2 回目を投げる，4 以上ならば 2 回目を投げない
  (2) 4.25
  (3) 1 回目に出た目が 4 以下ならば 2 回目を投げる，5 以上ならば 2 回目を投げない
  2 回目に出た目が 3 以下ならば 3 回目を投げる，4 以上ならば 3 回目を投げない

2章　図形の性質

1節　三角形の性質

144 内分する点　E, 外分する点　A

145 (1) $x=2$　$y=6$　　(2) $x=6$　$y=4$

(3) $x=\dfrac{8}{5}$　$y=\dfrac{20}{7}$

146 AD=6, AE=$\dfrac{45}{8}$

147 BE=15, DE=$\dfrac{45}{4}$

148 (1) 2:1　　(2) 1:1

149 (1) BD=$\dfrac{ac}{b+c}$, CD=$\dfrac{ab}{b+c}$　(2) 3倍

150 (1) 3　(2) $\dfrac{9}{2}$　(3) $3\sqrt{2}$

151 (1) BD=$\dfrac{ac}{c-b}$, BE=$\dfrac{ac}{a-b}$　(2) 略

152 (1) $\dfrac{16}{3}$　(2) $\dfrac{80}{39}$

153 (1) 4:1　　(2) 10:7

154 $x=2$, $y=\dfrac{8}{3}$

155 (1) $\alpha=50°$, $\beta=105°$

(2) $\alpha=22°$, $\beta=103°$

156 135°

157 (1) $3\sqrt{2}$　(2) $\dfrac{21}{2}$　(3) $\dfrac{4-\sqrt{2}}{2}$

158 (1) $\alpha=55°$, $\beta=33°$

(2) $\alpha=113°$, $\beta=60°$

159 $\alpha=65°$, $\beta=115°$

160 (1) 4　(2) $\dfrac{7}{2}$　(3) 2

161 (1) 2　　(2) 2

162 (1) $\dfrac{2\sqrt{5}}{3}$　(2) $\dfrac{3\sqrt{5}}{5}$　(3) $\dfrac{\sqrt{5}}{15}$

163 (1) 160°　(2) 130°

164 (1) $\dfrac{\sqrt{2}}{2}$　(2) $\dfrac{\sqrt{2}}{4}$

165 略

166 90°

167 (1) 3:1　　(2) 2:1

168 (1) 2:1　　(2) 3:1

169 (1) 5:4　　(2) 3:10

170 3:1

171 $x=4$, $\dfrac{FP}{PA}=\dfrac{4}{5}$, $\dfrac{FD}{DE}=\dfrac{7}{5}$

172 $\dfrac{AP}{PD}=2$, $\dfrac{MP}{PN}=\dfrac{1}{2}$

173 (1) 2:3　　(2) 3:13

174 $\dfrac{1}{19}$

175 (1) $\angle A<\angle C<\angle B$

(2) BC<AB<CA

176 (1) 存在する　　(2) 存在しない

(3) 存在しない

177 $3<a<13$

178 $\angle ADB<\angle ADC$

179 三角形ができる x の値の範囲　$1<x<5$

直角三角形となる x の値　$x=2, 4$

2節　円の性質

180 (1) 25°　(2) 37°　(3) 100°

181 ②

182 (1) 35°　(2) 110°　(3) 45°　(4) 96°

183 ①

184 (1) 120°　(2) 略　(3) 略

185 AE=2, BD=$\dfrac{7}{2}$

186 9

187 (1) $\alpha=45°$, $\beta=75°$

(2) $\alpha=35°$, $\beta=55°$

(3) $\alpha=120°$, $\beta=15°$

(4) $\alpha=35°$, $\beta=20°$

188 $\dfrac{25}{3}$

189 AD=3, BC=6

190 (1) 80°　(2) 98°

191 $9:4$ **192** 略

193 (1) 6 (2) 1 (3) $2+2\sqrt{2}$ (4) $\sqrt{21}$

194 (1) $3\sqrt{3}$ (2) 9 (3) $\sqrt{3}$

195 (1) 6 (2) 4 **196** 略

197 (1) 1 (2) $\sqrt{3}$

198 (1) 略 (2) BD$=3$, 円 O の半径 $\sqrt{3}$

199 (1) 外接するとき $r=3$
　　　　一方が他方に内接するとき $r=7$
　(2) 2点で交わるとき $3<r<7$
　　　離れているとき $0<r<3$
　　　一方が他方の内部にあるとき $r>7$

200 $4\sqrt{5}$

201 (1) 2つの円は2点で交わり, 共通接線は2本
　(2) 2つの円は離れていて, 共通接線は4本
　(3) 2つの円は外接していて, 共通接線は3本
　(4) 円 B が円 A の内部にあり, 共通接線はない

202 $\dfrac{3}{2}$

203 (1) 1 (2) $\dfrac{11-2\sqrt{10}}{9}$

204 $\dfrac{2}{3}$

3節　作図

205 (1) 図略 (2) 図略

206 図略

207 図略

208 図略

209 図略

210 図略

4節　空間図形

211 (1) $90°$ (2) $60°$ (3) $60°$ (4) $45°$

212 (1) 正しい (2) 正しくない

213 (1) $90°$ (2) $45°$

214 (1) 略 (2) 略   **215** 略

216 (1) ねじれの位置にある (2) 平行である
　(3) 交わる (4) 交わる

217 (1) 略 (2) 略 (3) 略

218 (1) $\sqrt{3}$ (2) $30°$ (3) 3 (4) $\dfrac{\sqrt{3}}{2}$

219 略

220 (1) 略 (2) 頂点の数 5, 辺の数 9

221 略

222 (1) 略 (2) $\dfrac{\sqrt{23}}{3}$

223 (1) AE$=\sqrt{3}$, BE$=\sqrt{2}$
　(2) BC$=\dfrac{2\sqrt{6}}{3}$, CE$=\dfrac{\sqrt{6}}{3}$ (3) $\dfrac{\sqrt{6}}{3}$

224 (1) $\dfrac{3\sqrt{55}}{4}$ (2) $2\sqrt{55}$

章末問題

225 (1) OP$=1$, QR$=\dfrac{4\sqrt{5}}{5}$
　(2) AP$=\sqrt{10}$, SP$=\dfrac{3\sqrt{10}}{5}$
　(3) HP$=\dfrac{3}{5}$, SH$=\dfrac{9}{5}$

226 CL$=\dfrac{6-2\sqrt{3}}{3}$, $\triangle$KCH$=3-\sqrt{3}$

227 (1) EC$=\dfrac{3}{4}$, ED$=\dfrac{5}{4}$, EF$=\dfrac{1}{4}$
　(2) 略 (3) AG$=\dfrac{1}{2}$, CH$=\dfrac{1}{3}$

228 (1) 略
　(2) 平面 PQR と直線 CD, DE, FD の交点
　　をそれぞれ S, T, U とする。
　　切り口　六角形 PQSUTR
　　PQ$=$PR$=$US$=$UT$=\sqrt{3}$
　　QS$=$RT$=1$

229 (1) 略 (2) ①

3章　数学と人間の活動

1節　数と人間の活動

230 (1) 4　(2) 11　(3) 27　(4) 37

231 (1) $1010_{(2)}$　(2) $11001_{(2)}$

(3) $10000111_{(2)}$　(4) $11001000_{(2)}$

232 (1) $1001_{(2)}$　(2) $10000_{(2)}$

(3) $10111_{(2)}$　(4) $1111_{(2)}$

(5) $10001111_{(2)}$　(6) $10110101010_{(2)}$

233 (1) 25　(2) 31　(3) 71

(4) 184　(5) 96　(6) 240

234 (1) $121_{(3)}$　(2) $1210_{(4)}$　(3) $432_{(5)}$

(4) $235_{(6)}$　(5) $405_{(7)}$　(6) $410_{(9)}$

235 (1) $10_{(2)}$　(2) $110_{(2)}$　(3) $1001_{(2)}$

(4) $11_{(2)}$　(5) $10_{(2)}$　(6) $101_{(2)}$

236 (1) $\dfrac{5}{8}$　(2) $\dfrac{16}{27}$　(3) $\dfrac{57}{64}$

(4) $\dfrac{23}{25}$　(5) $\dfrac{2}{27}$　(6) $\dfrac{178}{343}$

237 (1) $0.001_{(2)}$　(2) $0.10111_{(2)}$

(3) $0.21_{(3)}$　(4) $0.24_{(5)}$

238 6桁

239 116個

240 9

241 -6, -5, -3, -2, -1, 1, 2, 3, 5, 6

242 (1) -28, -14, -7, -4, -2, -1,

1, 2, 4, 7, 14, 28

(2) -24, -12, -8, -6, -4, -3, -2,

-1, 1, 2, 3, 4, 6, 8, 12, 24

(3) -91, -13, -7, -1, 1, 7, 13, 91

243 略　　**244** 略

245 (1) $60=2^2\cdot3\cdot5$　(2) $78=2\cdot3\cdot13$

(3) $154=2\cdot7\cdot11$　(4) $1001=7\cdot11\cdot13$

246 (1) $264=2^3\cdot3\cdot11$　(2) 66

247 (1) 10個　(2) 18個　(3) 16個

248 (1) 最大公約数　13，最小公倍数　468

(2) 最大公約数　36，最小公倍数　4536

249 (1) 4　(2) 140

250 (1) 最大公約数　4，最小公倍数　504

(2) 最大公約数　14，最小公倍数　882

251 (1) 6個　(2) 6個

252 $n=28$, 84, 252

253 $\dfrac{4}{15}$, $\dfrac{29}{143}$, $\dfrac{67}{159}$

254 $(a,\ b)=(8,\ 88),\ (40,\ 56)$

255 (1) 42　(2) 441

256 12

257 $\dfrac{225}{14}$

258 (1) $(a,\ b)=(15,\ 150),\ (30,\ 75)$

(2) $(a,\ b)=(12,\ 120),\ (24,\ 60)$

259 $(a,\ b,\ c)=(30,\ 48,\ 72)$

260 (1) 86個　(2) 33個

261 (1) 商　-2，余り　2

(2) 商　-8，余り　6

(3) 商　-10，余り　5

(4) 商　-67，余り　14

262 (1) 1　(2) 1　(3) 2　(4) 3

263 (1) 略　(2) 略　　**264** 略

265 (1) 略　(2) 略　　**266** 略

267 $a+2b+3c$ を5で割った余り　4

abc を5で割った余り　1

268 (1) 0　(2) 23

269 3　　**270** (1) 略　(2) 略

271 略　　**272** (1) 略　(2) 略

273 (1) 6　(2) 9　(3) 13　(4) 1

274 (1) $x=3k$, $y=2k$　(k は整数)

(2) $x=5k$, $y=-4k$　(k は整数)

(3) $x=2k$, $y=k$　(k は整数)

275 (1) $x=6k$, $y=7k$　(k は整数)

(2) $x=3k$, $y=-k$　(k は整数)

(3) $x=9k$, $y=5k$　(k は整数)

276 (1) $x=4k+1$, $y=5k+1$　(k は整数)

(2) $x=7k+2$, $y=-4k-1$　(k は整数)

(3) $x=9k+4$, $y=5k+2$　(k は整数)

(4) $x=5k+3$, $y=-6k-3$　(k は整数)

277 (1) (例) $x=-3$, $y=7$

(2) (例) $x=5$, $y=-2$

(3) (例) $x=-7$, $y=16$

(4) (例) $x=-21$, $y=10$

278 (1) $x=23k-14$, $y=-11k+7$ (k は整数)

(2) $x=17k-24$, $y=-19k+27$ (k は整数)

(3) $x=36k-65$, $y=47k-85$ (k は整数)

(4) $x=59k+96$, $y=27k+44$ (k は整数)

279 (1) 975　(2) 841

280 (1) $\dfrac{6}{7}$　(2) $\dfrac{3}{5}$

281 鉛筆5本, ボールペン7本

282 547

283 (1) 略　(2) 3, 10, 17

284 (1) $(x, y)=(-6, -1)$, $(-3, -2)$,

$(-2, -3)$, $(-1, -6)$,

$(1, 6)$, $(2, 3)$, $(3, 2)$, $(6, 1)$

(2) $(x, y)=(-2, 2)$, $(-1, 3)$,

$(1, -1)$, $(2, 0)$

(3) $(x, y)=(-6, 1)$, $(-2, -3)$,

$(4, 3)$, $(0, 7)$

285 (1) $(x, y)=(-4, 2)$, $(2, -4)$,

$(4, 10)$, $(10, 4)$

(2) $(x, y)=(-7, -5)$, $(-1, -7)$,

$(1, -13)$, $(3, 5)$,

$(5, -1)$, $(11, -3)$

(3) $(x, y)=(-9, 6)$, $(-6, 7)$,

$(-5, 8)$, $(-4, 11)$,

$(-2, -1)$, $(-1, 2)$,

$(0, 3)$, $(3, 4)$

(4) $(x, y)=(-3, -4)$, $(0, -10)$,

$(1, 4)$, $(4, -2)$

286 (1) $(x, y)=(-3, -2)$, $(-3, 2)$,

$(3, -2)$, $(3, 2)$

(2) $(x, y)=(-3, -1)$, $(-2, 0)$,

$(-2, 1)$, $(2, -1)$,

$(2, 0)$, $(3, 1)$

287 (1) $(x, y)=(2, 4)$, $(3, 3)$

(2) $(x, y)=(1, 1)$, $(2, 3)$, $(3, 9)$

(3) $(x, y)=(5, 10)$, $(6, 6)$, $(8, 4)$,

$(12, 3)$

288 1, 15, 49

289 142

290 $(x, y, z)=(1, 4, 1)$, $(3, 3, 1)$,

$(5, 2, 1)$, $(7, 1, 1)$,

$(2, 2, 2)$, $(4, 1, 2)$, $(1, 1, 3)$

291 (1) $(x, y, z)=(4, 5, 20)$, $(4, 6, 12)$

(2) $(x, y, z)=(1, 2, 6)$, $(1, 3, 4)$

章末問題

292 (1) $2372_{(9)}$　(2) $101110.111_{(2)}$

293 24 個

294 (1) 1302, 4620

(2) 1302, 4620, 81765

(3) 4620　(4) 4620, 81765

(5) 1302, 4620　(6) 81765

295 略

296 $\dfrac{84}{5}$

297 1020, 1054, 1088　**298** 略

299 略　**300** (1) 略　(2) 略

301 5940

三角比の表

角	正弦 (sin)	余弦 (cos)	正接 (tan)	角	正弦 (sin)	余弦 (cos)	正接 (tan)
0°	0.0000	1.0000	0.0000	45°	0.7071	0.7071	1.0000
1°	0.0175	0.9998	0.0175	46°	0.7193	0.6947	1.0355
2°	0.0349	0.9994	0.0349	47°	0.7314	0.6820	1.0724
3°	0.0523	0.9986	0.0524	48°	0.7431	0.6691	1.1106
4°	0.0698	0.9976	0.0699	49°	0.7547	0.6561	1.1504
5°	0.0872	0.9962	0.0875	50°	0.7660	0.6428	1.1918
6°	0.1045	0.9945	0.1051	51°	0.7771	0.6293	1.2349
7°	0.1219	0.9925	0.1228	52°	0.7880	0.6157	1.2799
8°	0.1392	0.9903	0.1405	53°	0.7986	0.6018	1.3270
9°	0.1564	0.9877	0.1584	54°	0.8090	0.5878	1.3764
10°	0.1736	0.9848	0.1763	55°	0.8192	0.5736	1.4281
11°	0.1908	0.9816	0.1944	56°	0.8290	0.5592	1.4826
12°	0.2079	0.9781	0.2126	57°	0.8387	0.5446	1.5399
13°	0.2250	0.9744	0.2309	58°	0.8480	0.5299	1.6003
14°	0.2419	0.9703	0.2493	59°	0.8572	0.5150	1.6643
15°	0.2588	0.9659	0.2679	60°	0.8660	0.5000	1.7321
16°	0.2756	0.9613	0.2867	61°	0.8746	0.4848	1.8040
17°	0.2924	0.9563	0.3057	62°	0.8829	0.4695	1.8807
18°	0.3090	0.9511	0.3249	63°	0.8910	0.4540	1.9626
19°	0.3256	0.9455	0.3443	64°	0.8988	0.4384	2.0503
20°	0.3420	0.9397	0.3640	65°	0.9063	0.4226	2.1445
21°	0.3584	0.9336	0.3839	66°	0.9135	0.4067	2.2460
22°	0.3746	0.9272	0.4040	67°	0.9205	0.3907	2.3559
23°	0.3907	0.9205	0.4245	68°	0.9272	0.3746	2.4751
24°	0.4067	0.9135	0.4452	69°	0.9336	0.3584	2.6051
25°	0.4226	0.9063	0.4663	70°	0.9397	0.3420	2.7475
26°	0.4384	0.8988	0.4877	71°	0.9455	0.3256	2.9042
27°	0.4540	0.8910	0.5095	72°	0.9511	0.3090	3.0777
28°	0.4695	0.8829	0.5317	73°	0.9563	0.2924	3.2709
29°	0.4848	0.8746	0.5543	74°	0.9613	0.2756	3.4874
30°	0.5000	0.8660	0.5774	75°	0.9659	0.2588	3.7321
31°	0.5150	0.8572	0.6009	76°	0.9703	0.2419	4.0108
32°	0.5299	0.8480	0.6249	77°	0.9744	0.2250	4.3315
33°	0.5446	0.8387	0.6494	78°	0.9781	0.2079	4.7046
34°	0.5592	0.8290	0.6745	79°	0.9816	0.1908	5.1446
35°	0.5736	0.8192	0.7002	80°	0.9848	0.1736	5.6713
36°	0.5878	0.8090	0.7265	81°	0.9877	0.1564	6.3138
37°	0.6018	0.7986	0.7536	82°	0.9903	0.1392	7.1154
38°	0.6157	0.7880	0.7813	83°	0.9925	0.1219	8.1443
39°	0.6293	0.7771	0.8098	84°	0.9945	0.1045	9.5144
40°	0.6428	0.7660	0.8391	85°	0.9962	0.0872	11.4301
41°	0.6561	0.7547	0.8693	86°	0.9976	0.0698	14.3007
42°	0.6691	0.7431	0.9004	87°	0.9986	0.0523	19.0811
43°	0.6820	0.7314	0.9325	88°	0.9994	0.0349	28.6363
44°	0.6947	0.7193	0.9657	89°	0.9998	0.0175	57.2900
45°	0.7071	0.7071	1.0000	90°	1.0000	0.0000	—

Prominence 数学 I＋A

● 編　者──実教出版編修部

● 発行者──小田　良次

● 印刷所──共同印刷株式会社

● 発行所──実教出版株式会社

〒102-8377
東京都千代田区五番町 5
電話〈営業〉(03) 3238-7777
　　〈編修〉(03) 3238-7785
　　〈総務〉(03) 3238-7700
https://www.jikkyo.co.jp/

002402022　　　　　ISBN978-4-407-35126-2

データの分析

1　代表値
変量 x が $x_1,\ x_2,\ x_3,\ \cdots,\ x_n$ の n 個の値をとるとき

(1)　平均値：$\overline{x}=\dfrac{1}{n}(x_1+x_2+x_3+\cdots+x_n)$

(2)　中央値（メジアン）：データを小さい順に並べた
とき，中央にくる値

(3)　最頻値（モード）：度数が最大であるデータの値

(4)　範囲（レンジ）：最大値と最小値の差

2　四分位数
(1)　四分位数：データ全体を小さい順に並べたとき
に，4等分する位置にあるデータを小さい方から
第1四分位数 (Q_1)，第2四分位数（中央値 Q_2），
第3四分位数 (Q_3) という。
・四分位範囲：$R=Q_3-Q_1$

(2)　箱ひげ図
最小値，第1四分位数，中央値，第3四分位数，
最大値を図示したもの。

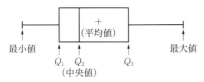

(3)　外れ値
多くの値から極端にかけ離れた値。
外れ値を見つける目安として，
$Q_1-1.5R$ よりも小さい値　または，
$Q_3+1.5R$ よりも大きい値
を用いることが多い。

3　分散と標準偏差
(1)　分散（偏差の2乗の平均）

$$s^2=\dfrac{1}{n}\{(x_1-\overline{x})^2+(x_2-\overline{x})^2+\cdots+(x_n-\overline{x})^2\}$$

$$=\dfrac{1}{n}(x_1{}^2+x_2{}^2+\cdots+x_n{}^2)-(\overline{x})^2$$

$$=\overline{x^2}-(\overline{x})^2\quad\leftarrow(2乗の平均)-(平均の2乗)$$

(2)　標準偏差

$$s=\sqrt{\dfrac{1}{n}\{(x_1-\overline{x})^2+(x_2-\overline{x})^2+\cdots+(x_n-\overline{x})^2\}}$$

$$=\sqrt{\dfrac{1}{n}(x_1{}^2+x_2{}^2+\cdots+x_n{}^2)-(\overline{x})^2}$$

$$=\sqrt{\overline{x^2}-(\overline{x})^2}\quad\leftarrow\sqrt{(分散)}$$

4　相関（相関関係）
(1)　散布図（相関図）
2種のデータの関係を座標平面上の点で表したもの。

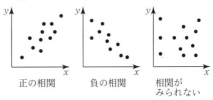

(2)　共分散

$$s_{xy}=\dfrac{1}{n}\{(x_1-\overline{x})(y_1-\overline{y})+(x_2-\overline{x})(y_2-\overline{y})$$
$$+\cdots\cdots+(x_n-\overline{x})(y_n-\overline{y})\}$$

(3)　相関係数

$$r=\dfrac{s_{xy}}{s_x s_y}$$

・$|r|$ が1に近い値であるほど，強い相関がみられる。
・$-1\leqq r\leqq 1$

5　仮説検定
ある仮説のもとで，実際に起こった事柄が起こり得
るかを考えることで，仮説が誤りであるかどうかを
検証する手法。
事前に起こり得るかどうかを判断する基準を定め，
・基準よりも起こりにくいことが起きた場合，
　　　仮説は誤りと判断する。
・基準よりも起こりやすいことが起きた場合，
　　　仮説が誤りであるとはいえない。
起こりにくいと判断する値の範囲として，次のよう
なものがよく用いられる。
・起こる確率が5％（1％）以下である。
・得られた値が平均値から標準偏差の2倍以上離れ
た値である。

場合の数と確率

1 集合の要素の個数
- $n(A \cup B) = n(A) + n(B) - n(A \cap B)$
  とくに，$A \cap B = \varnothing$ のとき
  $$n(A \cup B) = n(A) + n(B)$$
- $n(\overline{A}) = n(U) - n(A)$

2 場合の数
(1) 和の法則

事象 A，B の起こる場合の数がそれぞれ m，n 通りあり，それらが同時には起こらないとき，A または B の起こる場合の数は $m + n$ 通り

(2) 積の法則

事象 A の起こる場合が m 通りあり，そのそれぞれに対して B の起こる場合が n 通りずつあるとき，A，B がともに起こる場合の数は $m \times n$ 通り

3 順列
異なる n 個のものから r 個取り出して 1 列に並べる順列の総数は
$$_nP_r = n(n-1)(n-2)\cdots\cdots(n-r+1) = \frac{n!}{(n-r)!}$$
- $0! = 1$，$_nP_0 = 1$，$_nP_n = n!$

4 いろいろな順列
(1) 異なる n 個の円順列：$(n-1)!$ 通り
(2) 異なる n 個から r 個とる重複順列：n^r 通り
(3) 異なる n 個のじゅず順列：$\dfrac{(n-1)!}{2}$ 通り
(4) 同じものを含む順列：$\dfrac{n!}{p!\,q!\,r!\cdots}$ 通り

ただし，$p + q + r + \cdots = n$

5 組合せ
異なる n 個から r 個取り出す組合せの総数は
$$_nC_r = \frac{_nP_r}{r!} = \frac{n(n-1)(n-2)\cdots\cdots(n-r+1)}{r(r-1)(r-2)\cdots\cdots3\cdot2\cdot1}$$
$$= \frac{n!}{r!(n-r)!}$$
- $_nC_0 = _nC_n = 1$，$_nC_r = _nC_{n-r}$
- $_nC_r = _{n-1}C_r + _{n-1}C_{r-1}$

6 重複組合せ
異なる n 個のものから重複を許して r 個取り出す組合せの総数は　$_{n+r-1}C_r$ 通り

---

1 確率の基本法則
(1) 任意の事象 A に関して　$0 \leqq P(A) \leqq 1$
(2) 全事象 U，空事象 $\varnothing$ に関して
$$P(U) = 1,\ P(\varnothing) = 0$$
(3) 2 つの事象 A，B に関して
$$P(A \cup B) = P(A) + P(B) - P(A \cap B)$$
とくに，$A \cap B = \varnothing$ のとき
$$P(A \cup B) = P(A) + P(B)$$

2 余事象の確率
$$P(\overline{A}) = 1 - P(A)$$

3 独立な試行の確率
互いに独立な試行 S，T において，S で事象 A が起こり，続けて T で事象 B が起こる確率 p は
$$p = P(A) \times P(B)$$

4 反復試行の確率
1 つの試行において，事象 A が起こる確率が p であるとする。この試行を n 回繰り返すとき，事象 A がちょうど r 回起こる確率は
$$_nC_r\, p^r (1-p)^{n-r}$$

5 条件つき確率
事象 A が起こったとき，事象 B が起こる確率は
$$P_A(B) = \frac{n(A \cap B)}{n(A)} = \frac{P(A \cap B)}{P(A)}$$

6 期待値
変量 X が値 x_1, x_2, x_3, $\cdots\cdots$, x_n をとる確率がそれぞれ p_1, p_2, p_3, $\cdots\cdots$, p_n であるとき，X の期待値は
$$E = x_1 p_1 + x_2 p_2 + x_3 p_3 + \cdots\cdots + x_n p_n$$

数学と人間の活動（整数）

1 約数と倍数
(1) 2 つの整数 a，b について，$a = bc$ を満たす整数 c が存在するとき，b を a の約数，a を b の倍数という。

(2) 2 つ以上の整数に対して，共通な約数・倍数をそれぞれ公約数・公倍数といい，
最大の公約数を最大公約数
正の最小の公倍数を最小公倍数　という。
- 互いに素…2 つの整数の最大公約数が 1

(3) 2 つの正の整数 a，b の最大公約数を G，最小公倍数を L とすると，
- $a = Ga'$，$b = Gb'$　（a' と b' は互いに素）
- $L = Ga'b' = a'b = ab'$，$ab = GL$

(4) a，b が互いに素であるならば，$a + b$ と ab は互いに素

(5) 連続する n 個の整数の積は $n!$ の倍数

5 確率密度関数

連続型確率変数 X の分布曲線が
$y=f(x)$ で表されるとき，$P(\alpha \leqq X \leqq \beta)$ は，
分布曲線 $y=f(x)$ の $\alpha \leqq X \leqq \beta$ の部分と x 軸に
はさまれた部分（図の灰色部分）の面積。

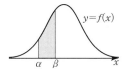

確率密度関数 $f(x)$ について
・$f(x) \geqq 0$
・分布曲線 $y=f(x)$ と x 軸ではさまれた部分の
　面積は 1（確率の合計は 1）

6 正規分布

平均 μ，標準偏差 σ の正規分布：$N(\mu, \sigma^2)$
X が $N(\mu, \sigma^2)$ に従うとき
・期待値　　$E(X)=\mu$
・標準偏差　$\sigma(X)=\sigma$

7 標準正規分布と正規分布表

標準正規分布：$\mu=0$，$\sigma=1$ の正規分布
正規分布表：標準正規分布 $N(0, 1)$ に従う
　　　　　　確率変数 Z に対して，
　　　　　　$P(0 \leqq Z \leqq t)$ の値をまとめたもの
例　$P(0 \leqq Z \leqq 1)=0.3413$
　　$P(0 \leqq Z \leqq 1.42)=0.4222$

t	.00	.01	.02	...
0.0	0.0000	0.0040	0.0080	
0.1	0.0398	0.0438	0.0478	
⋮	⋮	⋮	⋮	
1.0	0.3413	0.3438	0.3461	
⋮	⋮	⋮	⋮	
1.4	0.4192	0.4207	0.4222	
⋮	⋮	⋮	⋮	

8 確率変数の標準化

X が $N(\mu, \sigma^2)$ に従うとき，
$Z=\dfrac{X-\mu}{\sigma}$ とおくと，
確率変数 Z は標準正規分布 $N(0, 1)$ に従う。

9 二項分布の正規分布による近似

二項分布 $B(n, p)$ は，n が十分大きいとき，
正規分布 $N(np, np(1-p))$ で近似できる。

10 母集団と標本

母集団分布：母集団における確率変数 X の分布
母平均：母集団分布の平均
母分散：母集団分布の分散
母標準偏差：母集団分布の標準偏差
母平均 μ，母標準偏差 σ の母集団から大きさ n の
標本を抽出するとき，標本平均 $\overline{X}$ について
・期待値　$E(\overline{X})=\mu$
・分散　　$V(\overline{X})=\dfrac{\sigma^2}{n}$
・標準偏差　$\sigma(\overline{X})=\dfrac{\sigma}{\sqrt{n}}$

n が十分大きければ，$\overline{X}$ の分布は正規分布
$N\left(\mu, \dfrac{\sigma^2}{n}\right)$ で近似できる。

11 母平均の推定

母標準偏差 σ の母集団から，大きさ n の標本を抽出
するとき，n が十分大きければ，母平均 μ に対する
信頼度 95 ％ の信頼区間は

$$\overline{X}-1.96\times\dfrac{\sigma}{\sqrt{n}} \leqq \mu \leqq \overline{X}+1.96\times\dfrac{\sigma}{\sqrt{n}}$$

n が十分大きければ，母標準偏差がわからないとき，
標本の標準偏差を代わりに用いてもよい。

12 母比率の推定

母集団から大きさ n の標本を抽出するとき，
標本比率を p_0 とすると，n が十分大きければ，
母比率 p に対する信頼度 95 ％ の信頼区間は

$$p_0-1.96\sqrt{\dfrac{p_0(1-p_0)}{n}} \leqq p \leqq p_0+1.96\sqrt{\dfrac{p_0(1-p_0)}{n}}$$

13 仮説検定

ある仮説が成り立つかどうかを検証する手法。
(I) 母集団について，帰無仮説を立てる。
(II) 帰無仮説のもとで，有意水準を定め，棄却域を
　　求める。
(III) 標本から得られた値が棄却域に
　　・含まれるとき…帰無仮説は棄却される。
　　　（対立仮説が正しいと判断できる）
　　・含まれないとき…帰無仮説は棄却されない。
　　　（対立仮説が正しいかどうか判断できない）
・帰無仮説：検証したいことに反する仮説
・有意水準：判断の基準になる確率
・棄却域：帰無仮説が成り立つという仮定のもとで
　　　　　は，有意水準以下の確率でしか得られな
　　　　　い値の範囲
・対立仮説：検証したかったもとの仮説

●正規分布表●

t	.00	.01	.02	.03	.04	.05	.06	.07	.08	.09
0.0	0.0000	0.0040	0.0080	0.0120	0.0160	0.0199	0.0239	0.0279	0.0319	0.0359
0.1	0.0398	0.0438	0.0478	0.0517	0.0557	0.0596	0.0636	0.0675	0.0714	0.0753
0.2	0.0793	0.0832	0.0871	0.0910	0.0948	0.0987	0.1026	0.1064	0.1103	0.1141
0.3	0.1179	0.1217	0.1255	0.1293	0.1331	0.1368	0.1406	0.1443	0.1480	0.1517
0.4	0.1554	0.1591	0.1628	0.1664	0.1700	0.1736	0.1772	0.1808	0.1844	0.1879
0.5	0.1915	0.1950	0.1985	0.2019	0.2054	0.2088	0.2123	0.2157	0.2190	0.2224
0.6	0.2257	0.2291	0.2324	0.2357	0.2389	0.2422	0.2454	0.2486	0.2517	0.2549
0.7	0.2580	0.2611	0.2642	0.2673	0.2704	0.2734	0.2764	0.2794	0.2823	0.2852
0.8	0.2881	0.2910	0.2939	0.2967	0.2995	0.3023	0.3051	0.3078	0.3106	0.3133
0.9	0.3159	0.3186	0.3212	0.3238	0.3264	0.3289	0.3315	0.3340	0.3365	0.3389
1.0	0.3413	0.3438	0.3461	0.3485	0.3508	0.3531	0.3554	0.3577	0.3599	0.3621
1.1	0.3643	0.3665	0.3686	0.3708	0.3729	0.3749	0.3770	0.3790	0.3810	0.3830
1.2	0.3849	0.3869	0.3888	0.3907	0.3925	0.3944	0.3962	0.3980	0.3997	0.4015
1.3	0.4032	0.4049	0.4066	0.4082	0.4099	0.4115	0.4131	0.4147	0.4162	0.4177
1.4	0.4192	0.4207	0.4222	0.4236	0.4251	0.4265	0.4279	0.4292	0.4306	0.4319
1.5	0.4332	0.4345	0.4357	0.4370	0.4382	0.4394	0.4406	0.4418	0.4429	0.4441
1.6	0.4452	0.4463	0.4474	0.4484	0.4495	0.4505	0.4515	0.4525	0.4535	0.4545
1.7	0.4554	0.4564	0.4573	0.4582	0.4591	0.4599	0.4608	0.4616	0.4625	0.4633
1.8	0.4641	0.4649	0.4656	0.4664	0.4671	0.4678	0.4686	0.4693	0.4699	0.4706
1.9	0.4713	0.4719	0.4726	0.4732	0.4738	0.4744	0.4750	0.4756	0.4761	0.4767
2.0	0.4772	0.4778	0.4783	0.4788	0.4793	0.4798	0.4803	0.4808	0.4812	0.4817
2.1	0.4821	0.4826	0.4830	0.4834	0.4838	0.4842	0.4846	0.4850	0.4854	0.4857
2.2	0.4861	0.4864	0.4868	0.4871	0.4875	0.4878	0.4881	0.4884	0.4887	0.4890
2.3	0.4893	0.4896	0.4898	0.4901	0.4904	0.4906	0.4909	0.4911	0.4913	0.4916
2.4	0.4918	0.4920	0.4922	0.4925	0.4927	0.4929	0.4931	0.4932	0.4934	0.4936
2.5	0.4938	0.4940	0.4941	0.4943	0.4945	0.4946	0.4948	0.4949	0.4951	0.4952
2.6	0.4953	0.4955	0.4956	0.4957	0.4959	0.4960	0.4961	0.4962	0.4963	0.4964
2.7	0.4965	0.4966	0.4967	0.4968	0.4969	0.4970	0.4971	0.4972	0.4973	0.4974
2.8	0.4974	0.4975	0.4976	0.4977	0.4977	0.4978	0.4979	0.4979	0.4980	0.4981
2.9	0.4981	0.4982	0.4982	0.4983	0.4984	0.4984	0.4985	0.4985	0.4986	0.4986
3.0	0.4987	0.4987	0.4987	0.4988	0.4988	0.4989	0.4989	0.4989	0.4990	0.4990
3.1	0.4990	0.4991	0.4991	0.4991	0.4992	0.4992	0.4992	0.4992	0.4993	0.4993
3.2	0.4993	0.4993	0.4994	0.4994	0.4994	0.4994	0.4994	0.4995	0.4995	0.4995
3.3	0.4995	0.4995	0.4995	0.4996	0.4996	0.4996	0.4996	0.4996	0.4996	0.4997
3.4	0.4997	0.4997	0.4997	0.4997	0.4997	0.4997	0.4997	0.4997	0.4997	0.4998
3.5	0.4998	0.4998	0.4998	0.4998	0.4998	0.4998	0.4998	0.4998	0.4998	0.4998